你总是太敏感

别让自己绷得太紧

李材林◎著

国家一级出版社　中国纺织出版社　全国百佳图书出版单位

内 容 提 要

现代社会，每个人的压力都很大，很多人都身陷焦虑之中。尤其是那些过于敏感的人，总是把自己的神经绷得过紧，对于他人无心说出的话，也会耿耿于怀。殊不知神经的弦也如同琴弦一样，一旦绷得过紧，就会断掉。

本书以心理学知识为基础，从心理学的角度出发，分析人们在生活中敏感产生的原因和表现出来的特征，从而发掘出敏感的根源，从根本上帮助敏感的人降低敏感度，从容洒脱地面对人生。

图书在版编目（CIP）数据

你总是太敏感：别让自己绷得太紧 / 李材林著.--北京：中国纺织出版社，2018.6（2023.1 重印）
ISBN 978-7-5180-4909-7

Ⅰ.①你… Ⅱ.①李… Ⅲ.①人生哲学—通俗读物 Ⅳ.①B821-49

中国版本图书馆CIP数据核字（2018）第096050号

策划编辑：闫 星　　特约编辑：李 杨　　责任印制：储志伟

中国纺织出版社出版发行
地址：北京市朝阳区百子湾东里A407号楼　邮政编码：100124
销售电话：010—67004422　传真：010—87155801
http：//www.c-textilep.com
E-mail：faxing@c-textilep.com
中国纺织出版社天猫旗舰店
官方微博http：//weibo.com/2119887771
佳兴达印刷（天津）有限公司印刷　各地新华书店经销
2018年6月第1版　　2023年1月第3次印刷
开本：710×1000　1/16　印张：14
字数：207千字　定价：36.80元

前言

现代社会信息传播的速度非常快，不管是出于故意还是出于无意，人们总是对他人的各种八卦新闻品头论足。生活中有很多神经大条的人，对于他人的评价，他们根本不放在心上，毫不入耳，听完了也就忘记了。但是对于敏感的人，他人有心或者无意的几句话就会在他们心中掀起巨大的波澜，他们会为此耿耿于怀，不停地琢磨别人为什么要这么说他，也怀疑自己哪里做得不好。有的时候，内心敏感的人会对他人的一句无心之话记住几个月，甚至长达几年的时间，严重的还会导致焦虑失眠。不得不说，敏感的心使我们越来越远离幸福与快乐。既然无法改变外界，我们就应该努力地改变自己，让自己变得不再那么敏感。

心理学家针对敏感的人进行过实验，发现有些人的敏感是天生的，有些人的敏感则是因为后天对自己不够自信，过于自卑，总是把自己的缺点与他人的优点相比较，渐渐导致心理失衡才产生的。例如自信的人在社交场合中总是以自我为中心，很少关注自我外界的东西，但是内心敏感的人在社交场合中总是观察周围的情况，当发现有人不经意地看向他时，他就忍不住要猜测对方是不是在说他的坏话，或者正在评价和议论他。总而言之，敏感的人对于外界的一切风吹草动总是做出过激的反应，导致自己内心郁郁不安，无法恢复平静。

不管在生活中，还是工作中，敏感的人都非常多疑。他们无缘无故就会猜疑他人，几乎每时每刻都活在焦躁不安中。因此他们牢骚满腹，对于现状不满，却无法改变现状。他们觉得世界上每个人都对他们不怀好意，又觉得自己不管如何努力都无法超越他人，这样日久天长，他们必然觉得身心俱疲，而且精神上也会陷入焦虑不安，导致无法从容地面对和适应他人。

社会每天都在日新月异的发展之中，生活节奏越来越快，工作压力越来越大，且职场上的竞争也日渐激烈。在现代社会，每个人几乎都绷紧了自己的神经，尤其是对于敏感的人而言，一切都变得更加紧张。从本质上说，敏感对于生活没有任何的好处，只会给人带来更严重的心理负担。既然如此，我们为何不放下敏感的神经，更加轻松自如地面对生活呢？其实人生就像一面镜子，如果我们笑着对待它，它就会回报给我们微笑；如果我们哭着对待它，它就会对我们哭泣。如果我们能够不那么敏感，而是宽容友善地对待人生，人生也会同样回馈我们。

编著者

2018年1月27日

目录

第 1 章

太过敏感，其实是和自己过不去

对于肉体的疼痛，每个人的疼痛感都是不一样的，所以每个人能忍受疼痛的程度也不一样。很多人即便非常痛也能忍受，但是有些人哪怕是被针小小地扎一下，也会痛得哇哇大叫。其实我们的内心和身体一样，对于很多事情的反应也完全不同。有些人内心非常敏感，因而常常陷入苦恼之中。不管外界发生什么事情，即使只是小小的风吹草动，他们也会草木皆兵。长此以往，他们必然被敏感束缚住手脚，也从此远离快乐与幸福。

敏感的人，心里住着“假想敌”

生活中有很多人都特别敏感，对于小小的事情就会有很大的心理反应。在与人相处的过程中，也因为过于敏感，他们的人际关系非常紧张，其实很多时候并非真的有人要迫害他们，而是因为他们想得太多，也往往把人想得太坏。有些症状非常严重的人，甚至患上了妄想症或者妄想迫害症，他们总觉得有人要加害自己，所以惶惶不可终日。在心理学上，这种树立“假想敌”的心理现象并不罕见。从根源上来说，导致这种心理现象出现的正是敏感。顾名思义，所谓的“假想敌”就是现实生活中根本不存在的敌人。“假想敌”只存在于人们的想象中，是人的主观臆断和想象创造出来的敌人。但是人并不因为这个敌人是自己想象出来的就放松对敌人的警惕，反而因为内心深处坚信这个敌人是真实存在的，所以变得异常焦虑不安，日久天长必然出现严重的心理问题。

敏感的人不仅存在于生活中，很多职场人士也特别敏感。他们明明非常优秀，有足够的资本和理由充满自信，但却因为对自身要求过高，或者是因为真实的情况距离自己的要求总是差出一大截。这样一来，他们变得非常紧张，而且情绪也会莫名的焦虑。当然他们并非只和自己竞争，也更愿意和外界的对手竞争，他们总是把与他人的关系想成竞争关系，所以始终处于紧张的戒备状态。很多职场人士看每一个同事都不顺眼，总觉得每一个同事都想把他们比下去，这其实就是被“假想敌”打败了。他们没有安全感，哪怕是同事无心说的一句玩笑话，他们听了之后心中也会波澜起伏。有的时候，同事明明是在善意地开玩笑，他们也觉得是在故意挖苦和嘲讽自己，因而对同事心生不满。实际上，这些都是过于敏感的表现，而且敏感的人往往还非常多疑，总是疑神疑鬼，不愿意相信别人。

就本质上而言，敏感是一种心理防御机制，职场上的敏感之所以发生，就是因为人们害怕自己在激烈的竞争中被淘汰掉。因此，他们总是对每一个同事都虎视眈眈，把他们都当成自己的敌人，而且绞尽脑汁、想方设法地想要战胜他们。毫无疑问，这样的人是非常痛苦的。在生活中，很多敏感特质的人也总是与朋友、家人、亲人等关系恶劣，使得人生就像一座孤岛，再也无可依靠。

敏感的人还会无中生有，总是因为自身的多疑而怀疑他人。时间长了，他们的人际关系非常恶劣，而且还会因为自身的主观猜测，导致事情走向极端。此外，敏感还会分散人的精力和注意力，使人无法集中精神做好该做的事情。很多时候，当人们的心里存在“假想敌”时，他们就不得花不花费巨大的时间和精力去对付这个“假想敌”，甚至因此变得沮丧、绝望，工作上的表现也会很糟糕。敏感的人还非常喜欢嫉妒，总是情不自禁地拿自己和他人比较。他们常常怀疑他人瞧不起自己，因而变得非常被动，自身情绪也处于不断的波动之中，使得生活和工作都很被动。

实际上，这个世界上根本没有那么多的敌人，我们无须过于关注他人的言行举止。如果总是把别人一句无心的话当成攻击，把别人无心的举动看成故意的冒犯，那只能是我们的思想出现了问题，总是把别人想偏了。

要想避免这种情况出现，最根本的办法就是让自己变得自信起来，这样我们才能消除心中的敏感、焦虑和紧张，让自己更加从容、自信地生活。

内向的人，往往更加敏感

在这个世界上，每个人都是独一无二的个体，每个人都有自己的脾气秉性，每个人也都是与他人截然不同的。生活中，那些乐观开朗的人当然生活得很快乐，和他们恰恰相反，也有一些人内向沉默、木讷寡言，而且不愿意停留在热闹的人群之中。这些人的性格比较内向，他们非常喜欢一个人生活，更愿意安静地独处，越是在人群中，他们越会觉得孤独，也觉得索然无味。难道内向的人，注定要离群索居吗？其实不然。一个人如果总是因为内向不愿意与人交流，躲避人群，那么在长久的独处过程中，他们最终会变得越来越敏感，他们的命运也会从此发生改变。

通常情况下，内向的人往往心理脆弱，也因为缺乏宣泄的渠道，他们的心理问题比外向乐观的人更多。他们的承受能力比较差，有的时候哪怕遭受小小的打击，也会感到非常绝望。他们敏感多思，身边的人正在聊天说说笑笑，他们也会怀疑那些人正在议论他们。对于他人无意间做出的言行举止，正所谓“言者无意，听者有心”，内向的人会把这些言行举止放在心里琢磨很长时间。所以在与内向的人交流时，我们要更加谨言慎行，不要口无遮拦。当然，如果我们自身也是一个内向者，那么就要意识到内向的局限性和负面作用，从而让自己加入社会交往中，尽量变得乐观开朗起来。

台湾著名作家三毛就是一个非常内向的人，她从小就喜欢独处，尤其是在初中遭受老师的侮辱之后，她更是变得非常内向，对学校心生恐惧，因而从初中就辍学在家闭门不出。其实她幼小而又脆弱的心灵里，只是在害怕有可能出现的伤害，也担心老师和同学不喜欢她。对于家人，她同样非常敏感，她曾经说自己那么努力，只是为了得到父亲的认可。最终三毛的性格注定了她悲剧的一生，在与荷西享受轰轰烈烈的爱情之后，荷西去世，三毛也“魂飞魄散”，在勉强生活了12年后，最终选择了结束自己的生命，追随荷西而去。

人是群居动物，具有社会属性，如果说在农耕时代一个人还有可能自给自足地生活，尽量减少与社会的接触，那么在现代社会，每个人都是社会上一颗小小的棋子，都需要与他人密切配合，才能更好地生活与工作。举个最简单的例子，哪怕是出门买菜，我们也要与卖菜的商贩打交道。即便在家里闭门不出，当个真正的宅男宅女，我们也需要打电话订餐，订购各种生活所需的物品，满足自己的基本生活，也使自己生活得更舒服惬意。

在曹雪芹笔下，林黛玉就是一个典型的敏感多疑的人。当然这与她的身世有着密不可分的关系，毕竟她是寄人篱下。当她拖着娇弱的身躯，远道投奔外祖母，她内心的凄凉和惶惑可想而知。虽然贾府家大业大，根本不在乎多她这一个人，但是她始终没忘自己身在异乡是客，所以变得更加内向寡言。在去世的时候，她的一句“宝玉，你好……”虽然这句话没有说完，但却道尽了她内心难以名状的心思。可怜她一生孤苦伶仃、胆战心惊，最终落得客死异乡的下场。在《红楼梦》中，虽然薛宝钗的命运也很悲惨，而且她的性格也不算开朗外向，但是她的性格比林黛玉大方很多，所以她的命运也比林黛玉好了很多。她真诚坦荡，从不像林黛玉那么敏感多疑。在贾府中，她得到了上上下下很多人的喜爱，不管走到哪里，都很受欢迎。

人们常说，性格决定命运，这句话其实非常有道理。朋友们，如果你们觉得自己性格内向，那么不如有意识地让自己更多与他人相处，从而让自己的性格渐渐变得乐观开朗起来。哪怕不能真正变得外向，也不要那么敏感、多疑，而要学会以真诚与他人相处，彼此相待。

一开始置身于人群中时，我们也许会觉得很难过、难受，但是随着时间的推移，我们会渐渐习惯与人交往的生活，尤其是和朋友们在一起谈天说地，更能够给我们一个合理的发泄渠道，使我们的情绪得到及时的疏导。此外，现代社会生活压力越来越大，职场上的竞争也更加激烈，我们难免会有很多负面情绪堆积，唯有及时排解，我们的心才会变得轻松，也敞亮豁达。人的性格虽然是天生的，但是很多行为习惯却可以通过后天渐渐改变。我们一定要跳出内心的死胡同，走到广阔的天地里接受阳光的照射，相信我们的人生也会春暖花开。

过度敏感，就变成了自卑

还记得小时候那个害羞胆小的女孩吗？走路的时候，女孩从来不敢走大路；回到家乡的时候，如果看到街头巷尾有很多人聚集在一起谈天说地，女孩也会走到没有人的小巷子里蜿蜒曲折地回到家中；有的时候听到同学们在自己身侧不远处说话或者欢笑，女孩马上就会觉得心惊肉跳，因为她直觉那些人正在说她、议论她。即使高高兴兴穿上了妈妈买的漂亮裙子，女孩也觉得心情很复杂，一则穿上新裙子很高兴，二则想到有人因此关注她，她又会很难受，因为她不愿意自己的身上有任何因素引起他人的注意，她只希望自己如同空气一样隐形起来。毫无疑问，女孩太敏感了，敏感过度使她变得越来越自卑，所以才缺乏自信。

所谓不自信，简而言之就是不相信自己，不管是对自己的容貌、身材、长相，还是对自己的能力、学识和水平，自卑的人都会感到非常不满意，总觉得别人在任何方面都比自己好。哪怕走上工作岗位，不管做什么事情，他们也总是因为惴惴不安导致发挥失常，最后让所有的担心都变成了事实。遗憾的是，他们非但没有因为工作上的出色赢得他人的关注，反而因为工作上的失误而导致被批评。其实每个人都有自己的优点和长处，哪怕是一个再普通而又平凡的人，也会有自己的过人之处。我们应该学会正确地评价自己，认知自己，发掘自身的闪光点，这样我们才不会总是妄自菲薄，导致情绪低落，自卑的心理问题也越来越严重。

导致人们自卑的原因有很多，诸如从小家庭贫困或者身体有残疾，还有的人因为父亲酗酒，导致家里每天都鸡犬不宁，因而非常自卑。面对自卑的情绪，人们总是表现出过度的骄傲，而且自尊心也异常敏感。他们试图用自己的优点掩饰自己的缺点，又或者故意趾高气昂地对待他人，来表现出自己的优势。实际上这正是他们心虚的表现，会使他们在与他人的相处过程中陷入更深的困境。

如果年幼的时候遭遇伤害，也会给人留下难以消除的心理阴影，导致他们成年后不自信。人们常说“一朝被蛇咬，十年怕井绳”，曾经有一个女孩小时候遭遇性侵，这使她长大之后非常自卑，根本无法面对那些优秀的男生。甚至对于追求她的男生，她也以各种理由拒绝。不得不说，生活经历对人的影响非常大。

从心理学的角度来说，自信的人和不自信的人，唯一的区别在于自信的人总是关注自己的优点，而不自信的人却总是关注自己的缺点。就像田忌赛马一样，如果不改变赛马的顺序，田忌永远也不可能赢得比赛。遗憾的是，大多数自卑的人总是拿自己的缺点与他人的优点相比，可想而知这样的比较只会使他们陷入更深的绝望之中，更加失去自信。当然，凡事皆有度，其实适度的敏感是有好处的，然而如果过度不自信，只会让我们与生活中的幸福快乐绝缘。

要想变得自信，我们可以进行各种形式的自我训练。很多人都觉得形式并不能改变本质，其实形式有的时候的确会对本质产生很好的影响和强大的改变作用。例如，很多做销售的人都知道，销售公司每天早晨会举行晨会，让销售人员一起呐喊“我最棒”“我一定能行”等诸如此类的话。作为外行来看，肯定会觉得非常可笑，因为他们都觉得这样的话根本毫无意义。但是如果我们作为销售人员的一员，真的用心呐喊这些激励人心的口号之后，尤其是很多人在一起相互鼓舞着呐喊，就会发现这些话其实是有作用的。当然，为了增加自信，我们还可以真正去做一些什么，如做那些我们一直想做而不敢做的事情。当我们真正迈开关键的那一步，去做了期待已久的事情，我们会发现事情的结果并没有想象的那么糟糕，甚至还会让我们喜出望外呢！

很多敏感多疑、内向自卑的人总是过于在意他人的眼光，为了得到父母的欣赏，为了得到他人的认可，他们竭力改变自己，不惜放弃做自己，而只希望得到更多人的认可。实际上，每个人都是自己人生的主宰，我们不可能放弃自己的生命，只为了博得他人的一句赞赏。对于每个人来说，最大的成功是活出自己，而不是活成别人眼中的样子。朋友们，我们要接受自己的不完美，所谓“金无足赤，人无完人”，每个人都会有缺点，也会有优点。在看到自己的缺点时，我们也要看到自己的优点，从而发掘自身的价值。唯有坦然面对自己、悦纳自己的人，才是真正成熟的人，也才是内心强大的人。

敏感的人更追求完美

生活中人人都追求完美，殊不知这个世界上根本没有真正的完美。正是因为有了残缺，有了不完美，才让完美更加可遇而不可求。很多人都以完美主义者自称，殊不知完美主义者并不是一个褒义的称呼，因为大多数完美主义者都得不到幸福与快乐。人生之中有太多烦琐的事情，如果凡事都追求完美，必然把自己逼得无处遁形。曾经有心理学家经过研究发现，大多数完美主义者都有不同程度的心理问题。他们或者暴饮暴食，或者因为自己无法做到最好，也无法改变既定的一切，因而对自己极其不满意，也因此感到非常苦恼。

正常范围内，完美主义被称为完美主义情结。而一旦过度追求完美，所谓的完美主义情结就会变成严重的心理疾病。在现实生活中，完美主义者并不罕见，而导致人们过度追求完美的原因之一就是敏感。顾名思义，所谓的完美就是不断追求完美，凡事都要求毫无瑕疵，而且在生活中也特别关注他人对自己的看法。大多数完美主义者一旦发现无法得到他人的认可和赞赏，就会感到非常苦恼，这些都是完美主义者的性格弊端。当然完美主义者的性格并不单一，其中既有积极的一面，也有消极的一面。从积极的方面来说，对于完美的追求使得人们对自己高标准、严要求，不管是对待生活还是对待工作都严肃认真。从消极的角度来说，完美主义者往往把目标定得太高，导致自己哪怕竭尽全力也无法达到目标，更不能让自己感到满意。经常性的失败，使他们非常沮丧绝望，甚至完全否定自己。不得不说，过度的完美主义者把自己的人生变成了一个彻头彻尾的悲剧。

在职场上也有完美主义者。他们总是给自己定太高的要求，也因为过度的欲望，导致自己永远无法获得满足。对于一个完美主义者而言，世界上的一切都应该是完美的，尤其是与他们相关的人或事情，他们更是难以忍受任何小小的瑕疵和失误。很多完美主义者都有不同程度的洁癖，而且还有强迫症的表现。举例而言，完美主义者必须保证自己的房间里每个东西都在固定的位置上，否则哪怕一本书放错了位置，他们也会因此而彻夜难眠。然而，人生充满了各种意外，如果我们总是要求所有事情都在既定的轨道上发展，所有人都要符合我们的心意，当然是不可能的。在很多大城市，因为生活压力增大，竞争越来越激烈，很多人都患有完美强迫症。实际上，这是他们内心缺乏安全感的表现。

那些过度追求完美的父母，因为始终对子女提出过高的要求，导致子女也变成了完美主义者，而且因为无论多么努力都达不到父母的要求，子女还会产生深深的挫败感，人生也变得阴郁。作为举世闻名的伟大科学家，爱因斯坦在8岁之前只是一个非常顽劣的儿童，根本没有表现出任何成为天才科学家的潜质。所以父母不要过度苛责孩子，而要遵循孩子的本性，让孩子从容淡定地面对人生。现代社会，很多人心理问题严重，也与年幼时期接受的家庭教育有关系。

人生之中很多人拿得起、放不下，所谓的放不下，就是过度追求完美导致的。其实我们可以让自己变得更勇敢一些，唯有接纳自己，勇敢地面对自己，我们才能拥有幸福快乐。当然在追求完美的过程中，我们也要进行适度的选择，如我们可以要求自己在擅长的方面尽量达到完美，而不要苛责自己在所有方面都做到尽善尽美。此外，我们还要学会欣赏自己的错误，接纳自己的失败。很多人都觉得错误和失败是人生的败笔，根本不值一提，甚至回避失败和错误的存在，实际上错误恰恰是人生进步的阶梯，失败也是成功之母。如果没有一次次尝试，我们如何能够不断进步和成长起来呢？

一个真正自信的人不会为了追求完美而苛责自己。要知道，凡事皆有度，过犹不及。我们唯有正确认知和客观评价自己，才能更清楚自己的优点和长处，也才能凭借顽强的毅力找到人生的方向，成就充实而又圆满的人生。

敏感的人容易错过爱情

记得有一句歌词唱道：爱要大胆说出来。然而，现实生活中有很多爱都是不敢开口的爱。对于内向自卑而又敏感的人而言，他们根本不敢向自己所爱的人勇敢地诉说感情。在他们犹豫不决时，他们所爱的人已经悄然离开，他们最终不得不与所爱的人失之交臂。在爱情里，这当然是让人遗憾的，不是说天下有情人都要终成眷属吗？我们当然没有理由因为自身的敏感，而眼睁睁地看着爱情渐行渐远。

和外向的性格相比，内向性格截然相反。当然内向并非是心理学意义上的性格障碍，而只是一种正常存在的性格特征。内向既有优点也有缺点，在恋爱的过程中，内向往往使人在爱情面前无法勇敢表白，也因为内心顾虑太多，导致犹豫不决，而失去向爱人表白的最佳机会。在传统的观念中，人们都觉得男孩应该主动追求女孩，而女孩则要保持矜持，等待男孩的主动表白。毫无疑问，男孩如果过于内向，就会缺乏信心，即使遇到自己心爱的女孩，也不敢勇敢地说出心声。他们更害怕自己在表白之后被拒绝，这样不但会颜面全失，而且还会导致与女孩再也无法做朋友。正是在这种想法的影响下，敏感的男孩思虑重重，瞻前顾后，最终决定干脆不表白。每天默默地看着自己心爱的女孩，他们虽然心中百转千回，充满柔情蜜意，嘴巴却闭得严严实实。毫无疑问，对于爱情而言，这是莫大的遗憾。

敏感的人不仅在面对爱情时表白犹豫，而且在真正恋爱的过程中也会导致很多误解的产生。这是因为他们原本面对心爱的人就精神紧张，所以对心爱的人所说的每一句话、每一个字，甚至心爱的人无意间做出的小动作，都会在他们心中引起波澜。他们总是从主观的角度出发考虑问题，所以难免会误解所爱的人，也导致爱情遭受严重的挫折。

大学毕业后，帅帅留在上海工作。他毕业于上海理工大学，所以在男生多、女生少的大学校园里，他并没有遇到心爱的女孩。参加工作之后，帅帅也到了婚恋年纪。他的感情问题被全家提上了日程，爸爸妈妈天天催促他找女朋友。他也很想尘埃落定，但是爱情是要靠缘分的，所以他只能等待。虽然同事们也给帅帅介绍了很多漂亮的女孩，其中不乏上海的独生女，但是帅帅就是对她们提不起兴致。这些女孩全都是拜金女，每次约会时都想尽办法打探帅帅有没有房子、车子以及帅帅的收入。听到这些，帅帅不免觉得兴致索然，借口自己还没有经济基础，既没有房子也没有车子，就结束了约会。

有一次，一个客户给帅帅介绍了一个女孩。这个女孩在银行上班，和帅帅一样刚刚大学毕业两年。帅帅原本已经伤透了心，不想再相亲，可是客户很坚持，他盛情难却，最终还是进行了相亲。没想到，帅帅对这个女孩一见钟情。女孩中等身材，长得虽然不是特别漂亮，但是很耐看，而且让人觉得非常亲切。最重要的是这个女孩并没有像其他女孩那样，才刚开始约会就想方设法打听帅帅的个人资产情况，而是与帅帅谈笑风生，说起生活中很多快乐的事情。帅帅非常激动，对女孩相见恨晚，因为他觉得这就是他梦寐以求的女孩。女孩呢，对于高大英俊的帅帅也很喜欢，她还说帅帅是阳光男孩！他们一见如故，相谈甚欢。正聊着，女孩突然问帅帅现在住在哪里，提起房子的敏感问题，帅帅原本明媚开朗的脸突然变得阴沉起来。他直觉女孩是在变着法儿打听他有没有房子，因而吞吞吐吐地说自己因为工作太忙，就住在项目部里。女孩继续追问："那岂不是很辛苦吗？"帅帅显然不想就这个问题继续交谈下去，也更加确定女孩是在打探他的经济状况，因而赶紧转移话题。在这之后，帅帅与女孩交谈就总像隔了些什么，他明显心不在焉了。约会结束后，帅帅没有再联系女孩，虽然他时不时地还想起女孩，但是他敏感脆弱的心已经不想再与女孩见面了。

直到一年多后，帅帅得知女孩与一位没房没车，甚至不如他的男孩结婚了，这才追悔莫及，意识到自己当初可能误解了女孩。

其实，帅帅误解了女孩，女孩当时根本不是在打听帅帅的经济问题，而是想问问帅帅生活的情况。她一见面就喜欢上了帅帅，所以很想了解更多关于帅帅的细节。只是因为帅帅误解了她的意思，导致对她心怀不满，最终草草结束了约会，才使她对帅帅死了心。毫无疑问，帅帅的表现是典型的敏感，哪怕是他人一句无心的话，都会在他的心中激起波澜，帅帅的自尊心也非常脆弱，这使他无法自信地面对女孩的提问。

在解读他人时，敏感者总是自以为是，把自己主观的思想强加到他人的身上。帅帅正是因为自己在上海一无所有，所以非常自卑，也更加敏感，每当到女孩提起关于房子、车子等的问题，他就会心生不悦。如果他能坦然大方一些，意识到自己刚刚大学毕业，缺乏经济基础是正常的现象，从而理直气壮地想要找一个与自己同甘共苦的女孩，那么他就会开始一段美好的姻缘。实际上，爱情本身是很纯粹的，也不掺杂任何物质的因素。如果我们喜欢一个人，就应该坦然说出自己的感受，而不要因为世俗的眼光把爱情变得复杂。爱情经不起任何误解和猜疑，别说是初次见面的陌生男女了，哪怕是相处很久的情侣，爱情也需要用心维护。

敏感的人，太在意他人的目光

现实生活中，很多人都特别爱面子，其实只是因为内心的敏感和自卑导致的。真正的强者，不会在乎他人如何看自己，而只愿意做好自己想做的事情，反而是那些心虚的人，因为对自己缺乏自信，总是想得到他人的认可和肯定。殊不知，一千个读者眼中就有一千个哈姆雷特，哪怕是如此经典的作品也经不起读者的推敲，更何况是做人呢？每天我们都要接触形形色色的人，既有与我们亲密相处的家人、亲人和朋友以及同事，也有与我们只有一面之缘的陌生人。在这种情况下，哪怕我们成为千面夏娃，随时随意按照他人的要求改变自己，也不可能让所有人都对我们满意。既然放弃自己去改变并不能让我们如愿以偿得到所有人的喜爱，那么我们为什么不坚持做最好的自己呢？对于任何一个人而言，最大的成功不是活成别人眼中的样子，而是活出自己的精彩。

很久以前，有一位画家对自己的画作非常满意，所以他沾沾自喜地把画作拿到集市上挂起来，并且在旁边留言：这是我的拙作，希望大家多多指点。他在画作旁留下了纸和笔，让人们圈点出不满意的地方。原本作家以为自己的画作肯定无可挑剔，却没想到傍晚时分，他又去集市的时候发现画作上已经被圈圈点点得几乎没有任何好的地方了。画家不由得感到非常沮丧，也对自己的作画水平产生了深深的怀疑。

看到画家垂头丧气地回到家里，妻子问清缘由，不由得笑着说："没关系，等下次赶集的时候，你听我的，一定会让你很满意。"十几天过去，又到了赶集的时候，妻子把画家新作的一幅画拿到集市上。这次，妻子在画作旁留言：这是我的画作，请大家画出喜欢的地方。等到集市散去，画家来到集市上，惊喜地发现他的画作依然被圈圈点点得几乎没有任何好的地方了。这时，妻子告诉画家："看看吧，就算你画得再好，也总有人不喜欢。就算你画得再坏，也总有人很喜欢。这就是萝卜白菜，各有所爱，你有什么必要非得到所有人的满意呢？只要你坚持做自己，就总有一天会成功的！"听了妻子的话，画家欣慰地笑了。

一个人如果总是活在别人的眼光里，那么他永远也无法变得优秀起来。因为人毕竟不是千面夏娃，不可能每天都变来变去，唯有活出最真实、精彩的自己，才算拥有成功的人生。然而敏感的人总是过于在意他人的看法，诸如一个敏感的女孩穿了一件裙子，如果有人说这条裙子真难看，虽然这句话也许是他人无意之间说出来的，但是却会使她难过一整天，甚至是一个月。她再也不想穿那条裙子，而根本不管自己是否喜欢那条裙子。生活中有很多的人特立独行，其实他们都是充满自信的人，因为真正敏感的人根本经不起大家的指指点点，而只会一味地迎合他人。在上面这个事例中，画家看到自己的画作被圈点得体无完肤，因而觉得很沮丧。幸好他的妻子非常理智，想出了一个绝佳的办法帮助他找回自信。人们常说，生活就像一面镜子，如果我们微笑着面对生活，那么生活也会回馈给我们微笑。其实，先入为主的观念往往会影响我们的生活，如果我们悦纳自己，对自己感到满意，那么哪怕别人再怎么指出我们的缺点，我们也依然会对自己满怀信心。

所谓众口难调，别说我们作为普通人，就算是光鲜靓丽的大明星，也无法让所有的粉丝都喜欢他们。既然如此，我们还有必要朝令夕改，每天都跟着他人的所说改变自己吗？虽然敏感也有好处，能让我们虚心听取他人的意见，从谏如流，但是凡事都有一定的限度，只要超过这个限度就会起到相反的效果。就像医生给病人治病一样，唯有选用合适的药和合适的剂量，在合适的时间里给病人服用，才能起到治病的效果。如果同样的药，剂量过大，则非但无法给病人治病，反而会要了病人的性命。

如果我们的内心太过敏感，无异于是在和自己较劲。与其让他人的眼睛和嘴巴舒服，我们在自己的人生中不如敞开心扉，从容潇洒地过自己想要的生活。既然注定要遭遇别人的非议，我们为何不选择自己最喜欢的方式呢？人生是非常短暂的，他人的评价终究只是一句有心或者无心的话，唯有内心的感受，才是影响我们幸福的根本原因。

第2章

别太敏感，没有人会时刻注意着你

很多时候，人们都有一种误解，即觉得自己是人生大舞台上唯一的舞者，而所有观众的眼光都像聚光灯一样聚集在我们的身上。这种光环加身的现象很少存在于普通人身上，大多数情况下，每个人都过着自己的生活，都认为自己是宇宙的中心，其实根本没人有闲暇去关注我们，所以我们必须端正对人生的态度，知道人生不是一场秀，我们也没有那么多的观众。更多的时候，我们无须在乎他人的目光，而应该更多地把关注点集中在自身的感受上。对于每一个人而言，人生中最大的角色就是演好自己，而不是迎合他人。

你远远不如想象中重要

美国有一部电影很有名，名字叫《他其实没有那么喜欢你》。这部电影一开场就吸引了很多人的注意：从君子好逑的窈窕淑女，到体形臃肿的中年妇女，再到在纽约高档酒店里工作的漂亮女人，再到非洲原始部落里看似还未开化的土著妇女，几乎每个女人都在问：他为什么没打电话给我？现实生活中，大多数男人和女人约会之后，即便彼此相看不那么喜欢，出于礼貌，男人也会礼节性地留下女人的联系方式。这当然给了女人一个误解，即觉得男人是希望和自己继续交往的。如果女人喜欢约会的对象——男人，那么她们在约会之后就会陷入焦急的等待中，盼着男人给自己打电话。

然而，男人似乎是这个世界上最粗心的动物，他们一定是忘记了女人的电话，或者不小心丢掉了女人的电话，所以才会一旦约会结束，就如同石沉大海，杳无音信。每当这时，烦躁不安的女人总是向身边的人寻求帮助，希望得到一个圆满的回答。实际上，她们只是想自我安慰而已，她们总觉得让他人说出那些看似冠冕堂皇的理由，会显得更有说服力。身边的人为了安慰她们，总是想出形形色色的理由，诸如他很忙，他没有时间，或者他不小心弄丢了电话，又或者他很自卑、害羞……总而言之，人们想方设法地安慰焦急等待的女人，让她们尽快从约会之后被冷落的尴尬中摆脱出来。实际上，虽然人们为这些男人找的借口千奇百怪，而且其中很多借口听上去确实有一定的道理，但是男人不来的理由只有一个，那就是男人根本对这个女人不感兴趣。

其实一次约会并不代表什么，更不代表约会之后一定要见面，要继续联络和发展感情。如果彼此相看并不那么喜欢的话，男人往往不会主动联络女人，当然如果男人很喜欢女人，那么即使是单相思，男人也是会竭尽全力争取一番的。香港男演员梁朝伟曾经说过，一个男人如果爱一个女人，那么那个女人一定会真切地感受到。的确如此，就算男人真的是粗心大意的动物，对于自己心爱的女人，他们也有着本能的冲动，冲动会使他们更加密切地联系女人，也会让他们对女人大献殷勤。一个男人如果在约会之后，非但不主动联系女人，而且完全把女人抛之脑后，那只能说明这个男人对这个女人并未怦然心动。遗憾的是，大多数女人在自欺欺人，不愿意承认这个糟糕的结果，所以才找来闺密或者身边的其他人安慰自己。不得不说，女人真是善于自我欺骗的动物。

那么，为什么男人在约会之后得不到女人的电话却不会这么焦躁不安呢？归根结底，女人的表现是因为她们过于看重自己。一个女人如果总是以自我为中心，总是觉得自己与众不同，那么她就会理所当然地觉得男人也必然重视她，恨不得马上就向她表白心意，殊不知，希望越大，失望越大，我们越是对自己怀有这么大的希望，就越是容易感到失望。人要有自知之明，尤其是在看重缘分的爱情面前，任何人都不要自以为是。正如人们常说的，站得越高，摔得越疼。所以我们可以适当地把自己看轻一些，当然这里所谓的看轻并非自轻自贱，而是避免总是以自我为中心，更不要觉得整个宇宙都得围着我们转。

人生并不是一个秀场，我们也没有在这个秀场的舞台中央，在聚光灯下接受万众瞩目，我们就是普普通通的人，走在大街上也许并不为人注意。哪怕我们把自己看得很重，他人也依然会把我们视为人流中最普通的那一个。就像现在盛行的微信，很多人都在微信上晒自己的生活，殊不知，有谁愿意关心你的私生活呢？每个人都有自己的生活，所以每个人只会关心自己的生活。看看那些在朋友圈里晒生活的人，不由得觉得很悲哀，也许他们心中的幸福感没有足够爆棚，所以才需要他人的关注来增加自己的幸福感吧！

西方国家有关于水仙花自恋的传说。实际上心理学家经过研究证实，大多数人都有一定的自恋倾向。只不过自卑的人除了自恋之外，还非常自卑，也可以说他们的自卑是一种改变形式的自恋。正因为他们把自己看得太高，也把自己看得太重，所以才觉得所有人都在关注他们，因而他们惶惶不安，失去了社会生活的安全感。

在公司里，米奇是尽人皆知的老好人。每当同事有需要她帮忙的时候，她总是有求必应。有一天，米奇的孩子生病了，需要她去医院照顾。正当米奇准备下班时，同事李丹突然请求米奇："米奇，我今天有点着急的事情，你可以帮我把这个报表再检查一下吗？"原本米奇想拒绝李丹，但是一想到李丹有可能因此而生气，所以米奇还是答应下来了。报表上都是详细的数字，所以米奇足足花费了两个小时的时间才把报表检查完。

等到米奇忙完工作赶到医院的时候，老公正抱着哭泣的孩子，一边举着点滴一边四处转悠呢。看着满头大汗的老公，米奇很内疚。得知米奇晚到的原因之后，老公非常生气，怒吼道："你这个人做事情到底有没有原则？明知道自己的孩子在医院里输液，却帮助同事加班，你为什么不问问你的同事有什么着急的事情呢？难道她的事情比孩子生病还重要吗？”为此，老公和米奇大吵了一架。第二天上班，米奇听到同事们聊天，才知道李丹昨天下班之后根本没有着急的事情，只是和男朋友一起逛街吃饭了。想起自己因此跟老公闹得不快，米奇懊悔不已，下决心下次再也不这样自以为是了。

很多时候，我们觉得自己是地球上不可或缺的一个，似乎离开了我们，地球的转动都会变得不规律。实际上，这只是我们的错觉而已，我们远远没有自己想象中的那么重要。在很多人眼中，我们只是一个无名小卒，是无关轻重的角色。所以朋友们，任何时候都不要把自己看得太重，就像事例中的米奇一样，没有她的帮忙，李丹一样去逛街吃饭，也能把工作做完，只不过是晚一些而已。但是米奇把自己看得不可或缺，为了帮助李丹，宁愿加班两个小时，不顾在医院里的孩子，不得不说米奇有些本末倒置了。

职场上，很多人求助于他人，并非觉得他人多么重要，而只是因为他人好说话。所谓“人善被人欺，马善被人骑”，在职场上，我们一定要避免当好好先生。毕竟每个人都有自己的分内工作，谁也没有必要为谁分担。而且，很多同事完全有能力完成工作，一旦钻了空子，就是随随便便把工作推给作为老好人的你，心里却根本不会真诚地感谢你。既然如此，适当的明哲保身也是有必要的。

活在别人的目光里，会迷失自我

生活中有很多个性分明的人，他们非常倔强，做事情也完全按照自己的心意，很少顾及他人的想法。他们就像是棱角分明的石头，常常刺伤他人。当然，这样的特立独行、唯我独尊并不好。然而，还有些人和他们恰恰相反，那就是凡事都听别人的话。虽然前者过于自我，但是后者过于依靠他人，也未必是好的现象。在生活中，后者总是没有自己的主见，不管是说话做事，抑或是做任何选择，都要按照他人的标准作为依据。如此一来，他们必然失去自身的特点，成为毫无个性的人。

在心理学上有一种随大流的现象，意思就是当人们发现大多数人都在怎么说或者怎么做的时候，他们也会跟风而行。实际上，别人的生活是别人的，我们即使再怎么模仿，也无法把别人的生活变成我们自己的生活，更不可能让我们活得和别人一样。每个人的性格不一样，人生的情况也完全不同，所以，真正明智的人会根据自身的情况进行理智的选择，走出属于自己的人生之路，而不会盲目地模仿他人。

除了这种主动的模仿之外，还有些人总是活在他人的目光里，最终迷失自己。因为过于在意他人的看法和评价，他们哪怕穿着件衣服也想得到别人的认可和赞许。或者是穿一双新鞋子，在沾沾自喜之余，他们更希望别人发出艳羡的声音。殊不知，鞋子是否合脚，只有脚知道，不管其他人觉得这双鞋子多么漂亮光鲜，如果我们的脚觉得不舒适，那么我们每走一步都会感受到钻心的疼痛。所以与其为了得到他人的羡慕而选择一双不合脚的鞋子，不如为了自己能够更舒服地行走而选择一双适合自己的鞋子，这才是聪明人的明智选择。

当一个人过于在乎他人的眼光，总是会失去自我，迷失在他人的眼光中。实际上，这种人之所以如此，是因为他们的内心胆小怯懦。他们特别在乎别人的意见和看法，特别在乎自己是否和别人表现得一模一样，也特别在乎自己能否得到别人至高的评价。最终，他们在别人的嘴巴和眼光里失去了自己，他们的生命变成了别人的复制品，毫无意义。

大哲学家苏格拉底曾经给学生们上过一堂含义深刻的课。其实，苏格拉底一直践行“不盲信”的教育，在这节课上，他更是生动地为学生们阐述了“不盲信”的道理和重要意义，从而言传身教，告诉学生们一定要摒弃陋习，拒绝人云亦云。

这天上课，苏格拉底从口袋里拿出一个红艳艳的苹果。这个苹果又大又圆，看起来非常诱人。苏格拉底高高地举起苹果，问学生们：“这个苹果已经完全成熟了，香味浓郁，接下来请大家认真闻一闻苹果的香气，闻到的同学向我进行描述。”苏格拉底话音刚落，坐在前排的一个同学就迫不及待地举手回答：“老师，这个苹果很香甜，我已经闻到味道了。”苏格拉底赞许地点点头，然后举着苹果走下讲台。他缓缓地从同学间走过，一边走，一边询问近处的同学是否闻到了苹果的香气。很快，又有同学举手示意苏格拉底，他们已经闻到了苹果的香气。等到苏格拉底在教室里走完一圈回到讲台之后，除了一个学生，其他所有学生都举起了手。苏格拉底叫起那位没举手的学生，问：“这位同学，你真的没有闻到任何味道吗？”那位学生面色平静，斩钉截铁地说：“我没有闻到任何味道！”苏格拉底突然高兴地笑起来，说：“这位同学能够不盲信，做得很好，他说得很对，我拿的是一个毫无味道的假苹果。”后来，这位不盲信的同学成为和苏格拉底一样伟大的哲学家，他就是柏拉图。

在这个事例中，我们不难发现，人的盲从带来的影响力很大。如果不是柏拉图坚持自己的观点，只怕全体学生全军覆没，全都闻到了香甜的苹果味道。其实，在这个世界上，我们未必要活得和他人一样。我们无须过于在意他人的眼光，也不要人云亦云、东施效颦，否则就会贻笑大方。既然每个人都是这个世界上独一无二的存在，我们就不能用他人的眼光来衡量自己的生活，而要笃定地做自己，问清楚自己内心真实的感受。现在的娱乐圈，有很多女明星都喜欢整容，也许她们确实变得漂亮了，但是她们却失去了自己的特色。看着屏幕上千篇一律的脸，她们早晚有一天会让观众心生厌倦。

很多人都把但丁在神曲中说的那句话作为人生的至理名言——走自己的路，让别人说去吧。这句话虽然说起来容易，但是真正想要做到却很难。我们唯有坚持真实的自我，走出属于自己的人生之路，才能活得更出彩！

再努力，你也无法让所有人满意

对于同样的美食，有的人觉得好吃，甘之如饴，有的人却觉得难吃，甚至连闻都不愿意闻一下。诸如闻名全国的臭豆腐和螺狮粉，喜欢吃的人总觉得这两样食品特别香，吃起来意犹未尽，但是不喜欢吃的人哪怕只是闻一下，也会皱起眉头，恨不得在空气里喷点香水，把这些东西难闻的气味掩盖住。这正是所谓的众口难调。每个人都有自己喜欢的口味，所以厂家在生产食品的时候，必须考虑到不同人的需求。否则，如果某个厂家只有单一的口味，那么只怕销量堪忧。其实不仅味觉如此，人心的很多衡量也有着截然不同的标准。诸如有的人待人处世很宽容，很少斤斤计较，但是有的人待人处世却很严苛，他们不但严于律己，更严格对待他人。每当遇到这样挑剔的人，我们总是非常苦恼。因为不管多么努力，我们始终无法让他们满意，他们也总能鸡蛋里挑骨头，挑剔出我们的不足之处。

在人云亦云中，在因为他人的挑剔和苛责不断改变的过程中，我们总是不知不觉就迷失了自己，也忘却了初心。最终，我们非但没有做好自己，更不可能让所有人的满意，所以依然难以摆脱被责怪的命运。既然如此，我们还有何必要按照他人的标准规定自己的人生呢？我们应该做回自己，从而让自己的人生更加从容坦然，至少这样我们能够得到自己的满意。

很久以前，一对父子牵着毛驴去赶集。刚刚走出家门，来到村口，他们就遭到他人的嘲笑。村里的人说："看看吧，这爷俩一样傻，有毛驴不骑，居然牵着走。"听到这话，父亲觉得很有道理，因而对儿子说："你赶快骑到毛驴背上吧，到赶集的地方还有很远呢！"儿子听话地骑到毛驴背上。然而，才走出村子，他们就遇到一位过路的老人。老人看着他们连连摇头，说："如今的孩子真是不孝顺啊，居然自己骑着毛驴，让年老的父亲跟着走。"父亲听了老人的话，觉得儿子的确已经长大了，自己也渐渐衰老，因而他当即让儿子下来，自己骑到毛驴背上。在经过一个村子的时候，村口有很多女人正在择菜洗菜。看到父亲骑着毛驴，而儿子却跟着走得气喘吁吁，这些女人叽叽喳喳地说："这大概不是亲爹吧，要是亲爹，谁忍心让这么小的孩子走这么远的路啊。看孩子累得满头大汗，可真让人心疼！"父亲回头看看儿子，发现儿子的确累得气喘如牛，而且头发都被汗湿了。为此，父亲决定让儿子也骑到毛驴的背上，这样他们父子俩就一起骑着毛驴了。

很快，他们来到集市所在的村子，只要再过一座桥，就能进入集市了。这时，村子里的人对着父子俩指指点点："这父子俩可真是狠心啊，这么小的毛驴，还没完全长大呢，他们居然一起坐在毛驴的背上，也不怕把毛驴累死。"父亲听了这话又心惊了，赶紧和儿子下了毛驴，然后去附近的人家找来一根棍和绳子，把毛驴捆住四蹄，抬起来走了。才走到桥上，集市上的人们看到这父子俩居然抬着活蹦乱跳的毛驴，不由得哈哈大笑起来。父亲慌了，不知道人们又会说些什么，正加上此时毛驴拼命地挣扎，因而他一紧张，居然连人带毛驴掉进了河里。

对于这父子俩而言，到底是一起牵着毛驴还是一起骑着毛驴，或者是一个人牵着毛驴，一个人跟着走，原本是他们父子俩决定的事情。但是因为父亲是个棉花耳朵，生怕受到人们的指责，一心一意想让所有人满意，所以他这一路上不停地改变方式，最终居然和毛驴一起掉入河里。不得不说，他遭人嘲笑也是罪有应得，谁让作为父亲的没有主见呢！

任何时候，一个人哪怕再努力，也无法使所有人满意。虽然道理人人都懂得，但是现实生活中依然有人像这个父亲一样不停地调整自己，迎合他人。殊不知，哪怕竭尽全力，我们也是无法讨好所有的人。所以我们不如只讨好自己，这样一来，我们的人生才能笃定平静，也能坚守方向。内心的贪婪使得我们不满足于讨好一个人，而希望得到整个全世界的赞美，遗憾的是，这种希望注定不可能实现，反而会给我们的生活带来无尽的烦恼。比起普通人，敏感的人总是不停地揣测他人的看法，想知道他人对于自己的评价，其实这有什么意义呢？你的生活你做主，他人的一切评价都无法左右你对生活的主宰。当你过于在意他人的眼光，必然会迷失自我，也会导致自己焦虑不安。

在这个世界上，每个人都是独一无二的个体，每个人都有自己的优点和长处，也有自己的缺点和不足。对于生活，每个人有自己不同的理解，他们会把自己的兴趣爱好融合到生活中，从而形成自己的生活特色。但是，我们不能因为别人生活得好，就盲目照搬别人的生活方式，也不能因为自己生活得不好，就全盘否定自己。每个人都在人生的道路上摸索着前行，我们唯有从自身的情况出发，才能让一切都变得和谐美好。

远离患得患失，获得幸福

对于生活，人们总是有着太多的欲望。当欲望远远超出了我们的能力范围，就会变成无底的深渊，吞噬我们的人生。很多人都明白，生活要活在当下，尽情地享受每一刻的快乐和满足，而实际上大多数人都做不到这一点。他们在欲望和现实之间摇摆，在懊悔和失望之间徘徊，恨不得人生能够重来一次，也恨不得自己一出生就拥有一切。如此患得患失的行为，导致人们的情绪变得非常糟糕，也使人们陷入莫名其妙的焦虑之中。

江苏卫视的孟非曾经出版了一本书，书名叫《随遇而安》。看起来随遇而安似乎有些消极，对于人生的接受过于被动，实际上随遇而安却是处世的哲学，一个人如果真正做到随遇而安，凡事不强求，拿得起也放得下，那么人生就会赢得更多的幸福快乐。古人也说“既来之则安之”，正是告诉我们不要犹豫徘徊，要对生活有一颗安静笃定的心。

大多数人之所以患得患失，是因为过于在乎得失。每当得到，他们就欣喜若狂；每当失去，他们就伤心沮丧，殊不知得到和失去是会相互转换的，正如塞翁失马的故事告诉我们的一样，福气和灾祸之间也是会相互转换的。所以对一时的得意完全没有必要张扬，对一时的失意也没有必要放弃，唯有坚定不移地走好属于自己的人生之路，我们才能活出与众不同的精彩。

从前，有一位乞丐每天都在一家商场的门口乞讨。风餐露宿的他看着来来往往的人们穿着光鲜亮丽，出入商场挥金如土，悠闲地坐在玻璃窗里品尝美味的食物，总是充满了羡慕，梦想着自己有朝一日也能拥有几万元钱。对他而言，只需要几万元钱，就可以结束流浪乞讨的生活，租一处房子，然后再找一份工作。当然，他是个一无所有的乞丐，要得到几万元钱并非简单容易的事情，他也知道这种天上掉馅饼的好事基本不可能发生。

也许是乞丐日复一日的祈祷感动了上帝，乞丐真的遇到了天上掉馅饼的好事。一天，天色渐渐昏暗，乞丐在商场门口捡到了一只没有人要的小狗。左右环顾无人之后，他把小狗抱回了自己居住的桥洞。看得出来，这只小狗非常珍贵，小狗的脖子上还戴着银质的项圈呢。第二天，乞丐一如往常来到商场门口乞讨，果然看到商场附近贴满了寻找小狗的启事。原来这只小狗是一个大富翁最心爱的宠物，为了寻找到这只小狗，大富翁愿意出1万元钱的酬金作为感谢费。意识到自己平白无故就会得到1万元钱，乞丐欣喜若狂，然而仔细想想，他又觉得1万元钱太少了。他想：只要我能继续坚持一天，也许明天大富翁就会酬谢两万元了吧。这么想着，他一边留心观察周围的情况，一边继续乞讨。第一天就这样毫无动静地过去了。第二天，乞丐刚刚到达商场门口，就发现酬金变成了两万元整。原本这已经达到了乞丐心中的预期，但是他又犹豫了。他想：是不是再多等两天，就能得到更多的钱呢。果不其然，第三天的赎金变成了3万元，第四天的赎金变成了4万元，乞丐下定决心等到赎金变成5万元，就把小狗交给富翁。然而第五天，虽然酬金的确变成了5万元，但是乞丐走到桥洞一看，娇生惯养的小狗已经活活饿死了。就这样，乞丐失去了已经煮熟的鸭子，不管是1万元、2万元、3万元、4万元还是5万元，对于他而言都成了镜中水月，遥不可及。他依然在商场门口乞讨，曾经距离梦想触手可及，却因为犹豫不决彻底失去了实现梦想的机会。

敏感的人在做很多事情的时候都会犹豫不决、举棋不定，殊不知，这是一种非常浪费时间和精力的情绪。要知道，好机会总是转瞬即逝，如果我们不能果断地抓住机会，就会错失良机。

不管什么时候，我们都应该保持一颗平常心，尤其是对敏感的人而言，更要丢掉思想的包袱，挣脱束缚自己的枷锁，这样才能避免患得患失。人生只有三天的时间，那就是昨天、今天和明天。既然昨天已经过去，明天还未到来，那么我们唯一能够把握的就是今天。不管今天的情况如何，我们都要尽情地活好今天。只要我们抓住了构成生命的每一个今天，我们的人生就会变得充实而有意义。

学会摒弃杂音，让心清净

在《钢铁是怎样炼成的》中，保尔·柯察金告诉我们，对于每个人而言，生命都只有一次。如何度过这宝贵的生命呢？既然生命没有重来的机会，那么我们必然要更加慎重。很多人都为这个问题感到困扰，毕竟人生在世会遇到很多困难和不如意，尤其是在遭遇不幸的时候，听到那些来自外在的声音，我们原本坚强笃定的心会变得不宁静，甚至对于想好的一切也会犹豫不定。

有人说，三个女人一台戏，其实何止是三个女人一台戏呢？只要是有人的地方就有江湖，三个男人同样也可以凑成一台戏。退一步来说，一个人也能唱出独角戏，两个人也能唱出对台戏。每到了人声鼎沸的地方，就像是一锅水烧得沸腾，总是发出咕噜咕噜的声音，让人心烦不已。然而，语言的交流对于人类而言是必需的，只有在语言的桥梁下，不同的思想才能碰撞融合。当然，人们也要更加坚定，才能避免受到负面的影响，不忘初心。

要想避免被他人的言行举止所影响，我们就要让自己的内心变得强大起来。说得好听些，很多人从谏如流，说得难听些，很多人缺乏主见，总是因为别人的三言两语就改变了自己的初衷，这种事情在生活中并不少见。例如，现代社会有一些大龄的剩男剩女，他们原本对于爱情怀着可遇而不可求的态度，从不急于决定人生的大事。但是当被身边的七大姑、八大姨不停地唠叨之后，他们最终无法坚持下去，不得不改变初心，开始不停地相亲，甚至凑合着就选择了婚姻。为此，他们付出了惨重的代价，最终离婚的结局使他们生活得远远不如单身的时候潇洒惬意。如今这个时代，人声鼎沸，杂音几乎无时无刻不在充斥我们的耳朵，使我们的心片刻也不得安宁。我们既然改变不了外界，就只能改变自己的心，让自己变得从容淡然，而不被杂音所干扰。

当然，这并不是说我们要一味地拒绝他人的好意，对他人的任何话都不放在心上，毕竟有的时候那些为我们好的人的确能够提出一些中肯的意见。但是，我们必须在遵从自己内心的基础上采纳他人的意见。毕竟我们才是最了解自身情况的人，而他人所谓的好意放在我们身上也未必合适。

所谓屏蔽杂音，就是选择性地倾听那些为我们好的声音，取其精华，去其糟粕，这样才能对自己的人生负责。越是敏感的人越要注意这一点，不要因为他人的成功就盲目相信他人，因为任何成功的经验都是不可套用的。常言道，鞋子是否合脚，只有脚知道。同样的道理，对于我们的人生怎样的选择才是最合适的，也只有我们自己知道。

曾经，针对华为是否上市的问题，人们展开了热议。毕竟当初华为已经达到一定的规模，既有口碑，也有实力，上市才能融合更多的资金，也为企业赚取更多的利益。然而，华为的老总任正非态度坚决：把猪养得膘肥体壮，猪就不会哼哼了。任正非的话听起来很糙，实际上却蕴含着深刻的道理。的确，作为科技企业，华为必须依靠科技创新，华为的每一个人也都应该坚持科技创新。如果公司太早上市，有很大一批人就会成为富翁，他们对待工作就无法始终保持积极和热情。毫无疑问，对于华为而言，这会严重削弱其竞争力，不但对华为不好，对员工也不是好事情。最终的事实证明，任正非的决定是正确的，正是因为他力排众议，坚持原则，才有了今日的华为。

不管是企业老总，还是老百姓，内心都应该保持笃定。如果一个人总是对外界的任何风吹草动做出敏感的反应，那么就会迷失本心，无法坚持初衷，也会导致事情朝着相反的方向发展。尤其是在做决策的时候，我们虽然要广泛听取他人的意见，从而做出最理智的选择，但是也要心平气和，摒弃杂音，这样才能倾听到来自内心的声音。

包括父母在内，也不可能陪伴我们走过漫长的一生。人生的漫漫长路，最终需要我们独自走完，所以我们既要从谏如流，听取他人的意见，也要坚持自我，学着自己做出选择。当然，没有人能保证自己的选择是完全正确的，即使选择错误了，也没有关系，谁的成长不是在犯错的过程中进行的呢？就算是遭遇失败，只要能够汲取经验和教训，对于我们而言也是巨大的进步和成长！

心若改变，世界也随之改变

一般情况下，敏感的人思考问题时不会拐弯，就像两点之间直线最短一样，他们只会寻求最短的线路，做出极端的判断和选择。所谓敏感的人往往不愿意妥协，对于一件事情的评价非常明确，或对或错，绝不含糊其词。敏感的人在遇到不开心的事情时，和普通人一样也会忧心忡忡，然而人的本能是趋利避害，普通人会在时间的流逝中走出忧伤，勇敢地面对事实，主动地宣泄情绪。敏感的人却不同，他们对于忧伤的净化能力很弱，总是不停地沉浸在忧伤之中，人生也因此原地踏步，停滞不前。愁容满面的他们，最终被忧伤伤得体无完肤，人生也变得悲伤起来。

我们不得不承认生活的确是太艰难了。尤其是随着时代的发展，虽然生活水平得到了很大的提高，但是生活的压力却成倍增长，在职场上激烈的竞争更是无处不在。在这种情况下，如果一个人不能及时消除自己的负面情绪，而任由自己在悲伤中徘徊，那么可想而知，他距离幸福和快乐有多么遥远。

小敏童年时期的生活并不幸福。她的爸爸是一个酒鬼，隔三岔五就会喝醉酒发酒疯，不但在家里又打又砸，还会对妈妈使出家庭暴力。如果小敏不乖，也难以幸免，所以每当爸爸喝醉酒的时候，小敏都满怀恐惧地躲在角落中，连大气都不敢出。她把眼睛紧紧地闭上，心里则在不停地祈祷着这可怕的一幕早些过去。可想而知，如此可怕的经历给小敏的内心带来了多么大的创伤。

长大之后，曾经有一段时间，小敏对于生活依然悲观绝望，她总觉得家庭导致她一生都要与悲伤相伴。因为父亲和母亲悲剧的生活，她甚至对婚姻也失去了信心。直到28岁，小敏都没有找到自己心爱的人，她一个人在外面生活，远离父母，过着简单而又清静的生活。直到有一天，母亲突然生病，父亲再也不喝酒了，日日夜夜守护在母亲的床前，小米才突然意识到她不应该背负着沉重的过去前行，而葬送自己的一生。毕竟，父亲和母亲有他们夫妻的相处方式，也许他们的爱就是在打打闹闹中建立起来的。既然很多事情都是命中注定的，那么一味地逃避根本不是方法。想清楚这一点，小敏决定勇敢面对，从此之后她再也不逃避爱情，而是勇敢地迎着爱情走去。也许是上天垂怜小敏从小受尽磨难，居然在小敏30岁那年，送给她一个优秀且真爱她的男人。从此之后，小敏过上了幸福的生活，她对人生充满了希望和憧憬，再也不悲观绝望了。

原生家庭对于孩子的伤害也许会伴随孩子一生，如果孩子不够坚强、勇敢，不能主动从这种伤害中走出来，那么孩子也许在一生中都无法获得幸福。然而，我们不能因为他人的错误葬送自己的一生，唯有勇敢地走出伤害，面对现实，我们才能经历岁月的洗礼，成就自己的幸福。

很多时候，看待问题的角度不一样，我们得到的结论也是完全不同的。举例而言，如果在沙漠中的两个人分别找到半瓶水，那么乐观的人会觉得很高兴，毕竟多了半瓶水就能多活一天，甚至迎来生机，但是悲观的人却会伤心，因为他们很清楚多了半瓶水并不能真正挽救他们的生命。如果悲观的人不能改变心态，那么被延长的一天生命也必然在悲伤中度过。很多人都曾说过，如果哭着也是一天，笑着也是一天，那么为什么不笑着度过一天呢？的确，想明白这个道理之后，我们的选择会更加明智和理性。

有人说，上帝把幸福改变了一个模样出现在我们的身边，那就是苦难。在这个世界上，苦难和幸福总是相依相伴，而且随着我们看待它们的角度不同，它们也是会相互转换的。所以朋友们，不要再一味地沉浸在苦难之中。一叶障目，不见泰山，正是人们因为苦难遮挡住心灵的真实写照。敏感的人如果总是对苦难耿耿于怀，还会陷入焦虑之中，导致对人生彻底失去希望，被动绝望。所以跳出自己心中的牢笼吧，记住，上帝为我们关掉一扇门，必然会为我们打开一扇窗，我们唯有改变角度，才能看到窗外美丽的风景。

第 3 章

为什么过于敏感？其实是你对自己太没信心

看重自己，珍爱自己

敏感的人总是对自己缺乏信心，他们对自己处处不满意，也觉得自己没有能力一鸣惊人，因而始终认为自己平凡而又平庸，甚至因此自轻自贱。其实每个人对于成功的定义都是不一样的，很多人觉得能够活出从容潇洒的自己就是成功，很多人得到万众瞩目才是成功。那么，不管我们是否能够得到成功，很多事情都并非我们所能左右的。人生的数据也不仅仅局限于所谓的光环，更多时候，人生真正的收获是内心的感悟和体会。所以不要因为世俗的眼光而使自己的人生被绑架，我们要更多地关注内心的感受，热爱生命，才能传承爱，才能承担起生命的责任。

从呱呱坠地开始，在父母眼中，孩子就成为他们的全世界。他们总是无限度地疼爱孩子，无条件地满足孩子一切的需求，也永远无原则地支持孩子。当然在这个世界上，唯有父母的爱才是真正无私的，也是永恒不变的。长大之后，我们找到自己的所爱，与爱人相互扶持、相互依靠、相互帮助、共同成长，从而支撑起整个家庭。等到有了孩子之后，我们从子女变成父母，生命的角色发生了重大的转变。在孩子面前，我们不再是那个需要疼爱的孩子，也不再是小鸟依人的爱人，而是孩子可以依靠的保护伞，是孩子的整片天空。人生之中，每个人都会有很多朋友相伴而行，对于真心相待的朋友，我们总是毫无保留地倾诉内心。在工作中，我们更需要扮演好自己的角色，成为能够独当一面的得力干将，这样才能得到领导的赏识和认可，从而使我们的职业生涯得到更好的发展。这一切的一切都告诉我们，每个人在生命之中都要扮演多重的角色。面对这些角色，我们根本没有理由拒绝，更没有资格放弃。虽然前文说过，人不能把自己看得太重，但是这里我们还是要说我们必须告诉自己很重要。这与前文并不矛盾，前文说不要把自己看得太重，是想告诉我们不要总是以自我为中心，而这里所说的要看重自己，是告诉我们要相信自己的能力，要更加自信，也要让自己没有退路地勇敢向前。任何时候，我们都不能自轻自贱，唯有意识到自己的重要性，我们才能通过积极的心理暗示，让敏感的心变得更加强大。所以朋友们，生活中不管遇到怎样的泥泞坎坷，我们都不能看轻自己，而要坚定不移地走好属于自己的人生之路，也要坚定不移地相信自己。

心理暗示对人的影响作用是很大的。在积极的心理暗示下，我们的心也会变得积极和强大起来。一个人要想得到他人的尊重，首先要尊重自己，而一个人要想得到他人的重视，首先也要重视自己。唯有心渐渐变得强大，我们的人生才能风雨无阻。很多时候，我们会因此而掀开人生新的篇章，让人生从此与众不同，绽放华彩。

第二次世界大战发生之后，日本的经济衰退得很严重，大多数人都失业了。有一些玩具公司也因为经济衰退濒临倒闭，为了节约成本，一家玩具公司的经理决定进行大幅度裁员，其中包括司机、清洁工和保安。为了让员工们能够平静地离开，经理把他们叫到办公室进行谈话，想让他们理解自己的苦衷，也能够坦然接受被裁员的厄运。

听了经理的话，清洁工首先发表了不同的意见。清洁工告诉经理："经理，只要公司不关门，我们清洁工就是不可缺少的，否则如何保证整洁的工作环境呢？一旦环境变得乱糟糟的，员工们心情不好，必然无法全心全意地工作。"清洁工刚刚说完，司机也站起来表示反对意见。司机说："对于公司的运转，我们也非常重要。我们主要负责物流运输，如果没有我们，产品如何运到外地的市场呢？既然公司生存艰难，必然要拓展市场，司机就变得更加不可或缺了，您说对吧？"听司机说完，保安人员也不甘示弱，马上一本正经地说："虽然清洁人员和司机都很重要，但是我们保安人员更加重要。如今战争刚刚结束，很多人都陷入困窘的生活中，甚至有些人因为极度的饥饿和贫穷走上了偷窃的道路。假如没有我们保卫公司的安全，那么只怕公司会遭遇偷窃，最终被洗劫一空。"听完他们这番话，经理觉得很有道理，因而决定改变策略，不再裁员。但是经理做出了一个举动：他在厂门口挂了硕大的牌子，上面写着——我很重要。每个员工在走进工厂的时候，远远地就会看见这四个字。为此，他们还没有走进工厂就暗暗下定决心，一定要拼尽全力地工作。就这样，经理轻而易举地提高了所有员工的工作效率，只用了一年的时间就带领工厂走出了经营的困境，不断发展壮大起来。每个员工都各司其职，再也没有人面临被裁员的危机，而他们也真正成为工厂的主人，成为工厂中不可或缺且最重要的那一个。

人在职场，常常会遇到各种各样的窘境，有的时候付出未必有收获，而且付出和收获也不一定成正比。每当这时，敏感的人总是非常失落，他们觉得自己被他人忽视了，成为可有可无的那一个，甚至因此而自轻自贱。他们不知道为何别人都把他们当成空气，因而变得郁郁寡欢。现代人都很需要存在感，那么到底什么是存在感呢？简而言之，存在感就是我们不管置身于怎样的场合，都能够得到他人的关注，都能够得到众人的瞩目。因为这种受重视的感觉，我们的心理上会感到非常满足，也会对自己满怀信心。

很多人之所以没有存在感，是因为从小被教育不要出风头，而要成为人群中最默默无闻的那一个，也正因为如此，他们变得非常自卑，从不觉得自己是至关重要、不可或缺的，以至于渐渐忽略自己的尊严和价值，内心也变得脆弱。缺乏存在感的人，潜意识里总是把自己看得无关紧要。毫无疑问，当一个人自己都觉得自己无关紧要，那么别人当然也会对他们视若无睹。因而朋友们，要想获得存在感，我们首先要调整自己的心态，把自己的态度端正起来，这样才能建立“我很重要”的信心，也才能让自己变得更加强大。

让心从沙粒变为珍珠

很多人都知道珍珠是沙粒在河蚌柔软的包裹中渐渐形成的，那么如果让你选择，你会选择成为一粒沙子，还是直接成为一颗珍珠呢？也许很多朋友都会毫不犹豫地选择后者，因为珍珠看起来光彩夺目、闪亮耀眼，而且具有很高的价值。毫无疑问，每个人都想让自己成为不可替代的人，成为最重要的人，也成为最高贵的人。然而现实却告诉我们，那些想直接成为珍珠的人愿望往往会落空，因为一粒沙子如果不经过漫长的努力和细致的打磨，是不可能成为珍珠的。只有天然的珍珠，才真正具有价值，而用快速的方法合成的珍珠只是伪装的珍珠，价值根本不高。所以朋友们，与其做一颗假珍珠，不如先从沙子做起，让自己经过磨砺，从沙子真正蜕变为珍珠。

人生也是如此，现在社会很多人都想一蹴而就获得成功，也羡慕他人的光环加身，殊不知他人的所有成就都不是从天而降的，更不是平白无故就得到的，而是经过漫长的努力才最终获得的。没有人的成功不需要付出努力，也没有人的成功只有欢声笑语，大多数人的成功不仅有汗水，更有泪水，甚至还有鲜血。所谓“一分耕耘一分收获”，也许并不完全正确，因为有的时候哪怕付出了也不一定有收获，但是如果我们不付出，最终注定毫无所获。

很久以前，有一粒沙子每天都快乐地生活在沙滩上，看着旅游的人来来往往，尽情地享受阳光和海水。日久天长，它对于这样的生活未免觉得厌倦。直到有一天，它听到一名游客惊呼：“这里有这么多优质的沙子，听说沙子在河蚌的身体里经过磨砺，就会成为价值不菲的珍珠。假如这些沙子都成为珍珠，那这片沙滩该多么壮观啊，随便捡起一颗珍珠都价值不菲。”沙子听到这句话不由得怦然心动，它暗暗想道：我如果能够变成珍珠，那么我的人生将会从此与众不同。此后，沙子的梦想就是成为一颗真正的珍珠。其他沙粒听到它的梦想之后，都狠狠地嘲笑他。沙子们劝说：“你可真傻呀，成为珍珠有什么好的。要想成为珍珠，必须放弃现在悠然自得的生活，去河蚌的壳里住着，每天不见天日，更没有阳光雨露，看不到清风明月，甚至连空气都不充足，日夜只能与黑暗为伴，这简直是非人的折磨。”然而在合适的时机，沙子毫不犹豫地进入了河蚌的身体。沙子被河蚌带到了海底，从此之后过上了混沌的、暗无天日的生活。直到有一天河蚌打开自己的身体，突然发现有一道闪光。原来经过河蚌漫长的孕育，沙子已经成为一颗硕大无比的珍珠。这颗珍珠堪比夜明珠，不但又圆又大，而且毫无瑕疵，晶莹剔透。毫无疑问，这颗珍珠举世罕见，价值连城。当珍珠被从海底带出来时，曾经那些嘲笑它梦想的沙子，根本认不出这就是它们曾经的好伙伴——那粒普普通通的沙子。从此之后，沙子进入博物馆，每天接受无微不至的照顾，被无数人瞻仰，真正万众瞩目。

每一颗璀璨的珍珠都是由小小的沙子孕育而来的。然而，并非每粒沙子都会变成珍珠，因为仅仅想成为珍珠是远远不够的，沙子还要能够忍受漫长而又孤独的黑暗，才能最终蜕变。和沙子一样，人也有权利选择自己的人生，虽然每个人都向往成功，但是未必每个人都能获得成功。要想获得成功，除了有梦想之外，我们还要做好充足的准备，勇敢地挑战自我，这样才能让人生更加充实、丰盈，也变得更厚重。很多敏感的人每当被问起关于人生的问题总是含糊其词，因为他们不知道如何描述自己的人生。他们的心过于敏感，没有足够的力量迎接改变和挑战，所以他们之中大多数人都墨守成规，不愿意改变现状。这样一来，他们当然变得越来越平庸，距离他们变成珍珠的梦想也日渐遥远。

要想从沙子变成珍珠，敏感的人就要让自己的心变得坚强起来，这样才能在不断的磨砺中保持积极向上的态度，最终成就与众不同的自己。与此同时，也不要为自己寻找各种各样的理由。关于失败，我们必须清楚失败是成功之母，一次的失败并不代表什么。哪怕遭遇接二连三的失败，我们只要从失败中吸取经验和教训，也能不断地进步和成长。所以敏感的人要想真正战胜自己，就要坦然迎接失败，让失败成为进步的阶梯。

相信自己，你才能创造奇迹

现实生活中，很多敏感的人都生活得不太好，这是为什么呢？主要是因为他们过度敏感，所以不敢接受新鲜的事物，更不愿意接受任何改变。他们总是墨守成规，遵循原本的生活，从来不愿意突破自我。众所周知，创新是人生的强大动力之一，很多奇迹都出自那些富有创新精神的人之手。实际上他们未必伟大，只是他们相信自己，也相信通过不懈的努力一定能够创造奇迹。这难道有神奇的力量存在其中吗？其实不然，这一切都因为积极的心理暗示能够产生巨大的作用，从而使人发生改变。很多时候，消极的暗示会使人变得悲观沮丧，甚至让人对生活完全失去信心，而积极的暗示则能够让人获得成功，激发人们迸发出强大的力量。人类发展至今已经做出了很多让人瞩目的伟大创举，诸如第一次登上月球、第一次探察火星、飞机的问世。在以前，这些都是人们想都不敢想的事情，如今却因为人们的执着，最终变成了现实，也推动了整个世界的进步。社会依然处于日新月异的发展和变革之中，还会有更多的奇迹出现，我们唯有坚信自己的力量，才能悦纳一切的推陈出新和生命奇迹。

如果说社会的奇迹要依靠整个人类的智慧去推动，那么对于人生而言，个人的奇迹则要靠意志力去创造。很多人意志力薄弱，在生活中一旦遇到小小的波动，就会导致情绪崩溃。例如在2017年8月31日，山西榆林的一个孕妇在待产过程中跳楼身亡，一尸两命。这则消息在全国范围内引起了广泛的关注和讨论，人们在谴责家属的冷漠无情和医生的失职的同时，也在反思是否孕妇自身的承受能力太差，遇到问题不能勇敢面对，而是选择了逃避，甚至不惜牺牲即将出生的孩子的性命。这样的悲剧使人无限感慨唏嘘，也让人更多地反思医疗制度的改革。过度的敏感往往使人非常脆弱，毫无疑问，敏感而又脆弱的人是无法创造生命奇迹的。一旦他们崩溃，还会导致生命悲剧的出现。

通常情况下，奇迹总是诞生在那些非常相信自己的人身上。他们从不因为外人的眼光，就轻易地改变自己，而是坚定不移地相信自己，最终证实自己是正确的，也证明了自己的能力的确能够达到更高的水平。

作为美国大名鼎鼎的激励大师，布朗刚刚出生就被医生诊断为智障儿童。为此，脆弱的父母不堪打击，抛弃了他。幸好事实证实他并非是严重的智障，而是一个可以接受教育的智障儿童。虽然结果有了一定的好转，但是却依然不容乐观。不过幸好有了这个诊断的支持，布朗和其他正常孩子一样，读了小学，又读完了初中。但是不可否认，与正常的孩子相比，布朗的智力的确有问题。然而，虽然布朗很清楚其实自己是被上帝狠狠咬过一口的苹果，但他依然坚持自己，从不放弃对命运的掌控。布朗经常想，既然上帝安排他来到世界上，肯定不愿意看到他自暴自弃抱憾终生，所以哪怕遭受大多数人的嘲笑，他也依然坚定不移地积极进取。在布朗的人生之中，有一位中学老师对他说的一句话影响了他的一生。老师告诉布朗：不要因为别人的看法，你就让自己真的变成别人以为的那个样子。从此之后，布朗决定改变自己。首先他要做的就是改变自己对自己的看法，哪怕别人都觉得他是智障，而且他也曾经认可别人对他的评价，但是他现在要彻底推翻这一切，要用自己的实力向自己也向全世界证明他并不是智障，他是可以获得成功的。

为了挑战自己，布朗决定参加演讲会。要知道即使是那些口齿伶俐的正常儿童，也未必能够在演讲会上做出出色的表现。而作为一个智障的孩子，可想而知，等待布朗的是一次又一次的拒绝。他不但没有正常的智力，而且没有任何魅力、气质，对于演讲他更是毫无经验。此外，一直以来闭塞的生活经历，也使得布朗的人生经验匮乏，根本没有人愿意关注和倾听他的讲述。这一切都注定了布朗只是一个平凡甚至平庸的智障者，他到底要如何改变自己的命运呢？在最艰难的时刻，布朗也曾经想过放弃，因为坚持原本就是这个世界上最难的事情，特别是当布朗的身边没有任何支持者时，他的内心充满悲凉和无助，也使得他的坚持变得难上加难。但是布朗没有放弃，因为上帝从来没有说过智障者不能成为演说家。所以即使被拒绝了无数次，他也依然坚持每天从早到晚地打出数百个电话。由于他总是把电话的听筒放在左耳边，导致听筒不断地与左耳产生摩擦，最终他的左耳居然生出了厚厚的茧子，可想而知布朗到底打了多少电话。功夫不负有心人，最终布朗打动了相关机构的负责人，从而被特许开始演讲生涯。现在的布朗早已不再是那个曾经被人拒绝了无数次的智障男孩，他每个小时的演讲酬劳高达两万美元。在美国，他激励了无数人，也是最受欢迎的演说家。每次参加采访的时候，布朗都会指着自己左耳上厚厚的老茧说："我的老茧比钻石更贵重，因为它价值几百万美元。"的确，如果不是因为曾经的坚持不懈，如果不是因为打了无数次电话把左耳都磨出了厚厚的老茧，也就没有今天的布朗。

人不可能生而拥有一切，也不可能生而失去一切。每个人的命运实际上都把握在自己的手中，要想获得成功，我们就要不断地挑战自己，鼓起勇气，哪怕面临艰难的困境，也绝不放弃。有位名人说，人最大的敌人是自己，这句话很有道理。唯有战胜自己的人，才是真正强大的人；唯有战胜自己的人，才能征服整个世界。

超越自己，你会变得更强大

生活中，很多人都曾有过相似的困惑，即觉得自己并不比别人差，智力也不比别人低，经验更不比别人少，但是为什么在与别人相差无几的情况下，最终被别人甩下很远呢？有人将之归结为运气，也有人说运气把握在自己手中，机会更是为有准备的人准备的。有人说是因为社会的不公平，其实社会资源对于大多数人而言都是公平的，除了那些一出生就含着金汤匙的人之外，大多数人都两手空空、赤条条地来到人世，都需要依靠自己的努力才能真正改变命运。不可否认，一个人的发展和外界的关系密不可分，然而外界的一切只是外因，对于发展只起到辅助的作用，真正决定我们发展的还是内因，是我们自身的诸多因素。我们与其抱怨外界，不如更多地反思自己，问一问自己是否真正积极地面对人生，是否能够积极主动地改变，让生活注入更多新鲜的血液。大多数人都是天生的悲观主义者，面对生活的不如意，他们总是非常悲观。殊不知悲观给人的心理暗示是消极负面的，也会严重影响人对于生活的态度。曾经有科学家经过研究发现，大多数人先天的条件其实相差无几，只是因为后天对待生活的态度和观点导致他们的人生发生了翻天覆地的变化，拥有了巨大的差异。所以，我们应该更加积极地对待自己，给予自己正面的心理暗示。

人的心就像是一块磁铁，如果吸力强，自然能够吸引到更多的东西。大多数时候人心涣散，面对物欲横流的时代，人总是迷失自我。其实如果我们能够把磁铁所有的力量都集中在一个点上，那么它的力量将会是惊人的。当然，这一切的前提就是我们必须相信自己，坚定不移地走好属于自己的人生之路，而不要自我放逐，让自己最终输给了自己。

在第二十三届洛杉矶奥运会上，有一个现象特别奇怪，引起了很多人的注意。日本有一个运动员，名叫具志坚幸司。每次参加比赛之前，他总是紧紧地闭上眼睛，口中还不停地说着些什么，就如同阿里巴巴正在面对山洞念咒语一样。使人惊讶的是，在那一届的男子体操比赛中，具志坚幸司居然保持了非常好的状态，在整个比赛过程中一直状态稳定，甚至超常发挥，最终战胜了麦克唐纳、康纳斯等很多知名运动员，成功夺得了冠军。事后人们才知道，具志坚幸司最大的愿望就是在奥运会上赢得冠军。除了取得男子体操的冠军之外，他在跳马、吊环和单杠项目上，也有非常出色的表现，分别获得冠亚季军。人们纷纷猜测原因，谁也不知道具志坚幸司为何能够凭借咒语就获得冠军。比赛结束后，有一位记者慕名采访具志坚幸司，直截了当地问他在比赛之前默念了什么咒语。具志坚幸司对此笑而不答，显现出很神秘的样子。后来在与朋友交谈的时候，他才揭露真相，说自己并没有念什么咒语，而只是在对自己进行积极的心理暗示。原来他在比赛之前不停地告诉自己“我一定能成功！”“我一定会把动作完成得很好！”“我是最坚强勇敢的！”等等诸如此类的话。正是凭借这些简单的话，他对自己进行了成功的心理暗示，最终以超长发挥，如愿以偿夺得了冠军。

毫无疑问，具志坚幸司正是对自己进行积极的心理暗示，所以他才能鼓起勇气，满怀信心地参加比赛，保持稳定的水平，甚至突破和超越自我，最终夺得了让世界瞩目的好成绩。现实生活中，我们也经常对自己进行暗示，遗憾的是我们对自己的暗示大多数是消极的。诸如很多朋友会告诉自己“我不能吃鱼，我吃鱼过敏”“我不能吃鸡蛋，我虚弱的肠胃消化不了蛋白质，所以会拉肚子”“我不能坐车，我不爱闻汽油的味道，我总是晕车”，等等，毫无疑问这些都是消极的心理暗示，也会使我们的身体在心理暗示的作用下接受既定的结果。所以，当我们真的吃鱼，我们就真的拉肚子；当我们真的吃鸡蛋，我们马上就消化不良；当我们真的坐车，我们马上觉得头晕目眩，想要呕吐。这一切看起来很神奇，实质上只是心理暗示在发挥作用而已。

每个人都不希望自己的生活中充满倒霉的事情，那么不如在心理暗示方面做出积极的改变，让积极的心理暗示给予自己更强大的力量，从而帮助我们战胜自己，突破和超越自己，也使我们坚定不移地相信一切都会朝着好的方向发展。这样一来，我们的心情就会觉得越来越轻松，也充满希望。这时，我们的内心会充满超神奇的力量，我们的生活也会变得更加美好起来。所以朋友们，不要再无意识地对自己进行消极的心理暗示，而要有意识地对自己进行积极的心理暗示。众所周知，爱迪生是世界上伟大的发明家，其实爱迪生也经常对自己进行积极的心理暗示。他总是在日记中告诉自己：我一定会成功的，我一定能发明电灯。正因为如此，他才会在尝试1000多种灯丝材料并且进行7000多次实验之后，成功研制出电灯，为整个世界都带来了光明。记住，人生的魅力就在于未知，没有人知道未来会发生什么，也没有人知道自己会陷于怎样的困境和苦恼之中。哪怕环境变得非常恶劣，哪怕客观的条件都不复存在，我们也要坚持下去，因为只有持之以恒才能让我们变得强大且充满信心，从而让我们的人生出现奇迹。

超越自己，战胜“不可能”

世界上没有任何事情是不可能的，也没有任何事情是可能的，可以说大多数事情都介于不可能与可能之间，成功的概率大概都是50%。这是因为没有人能够未卜先知，在事情刚刚发生或者还未发生的时候就获知结果，所以李宁的广告词给予了我们很大的启示——一切皆有可能。的确，在一切都不可能的情况下，一切也皆有可能。准确地说，可能与不可能其实在于我们的努力。很多时候，退一步而言，哪怕我们真的遭遇了不可能的困境，只要我们决不放弃，坚持不懈地付出努力，最终也一定能够找到解决的办法。常言道，天无绝人之路，任何时候，只要我们坚定信心，相信自己，就能让生命绽放奇迹。

现代社会越来越浮躁，人人都想一蹴而就获得成功，然而成功并非是两点之间的直线，而有可能是无数蜿蜒曲折的曲线。对于敏感的人而言，不要觉得一切成功都不可能，因而预先限定自己，也使得自己失去信心努力尝试。唯有坚信只要坚持，每个人才能获得属于自己的成功，敏感的人才会主动对自己进行积极的心理暗示，也才能更加积极主动地面对人生。

教育的过程中，很多父母都被教导不要对孩子贴标签。所谓贴标签，就是给孩子下定义。毫无疑问，对于没有辨识能力的孩子而言，由于他们非常信任父母，所以他们也总是觉得父母的话就代表了他们人生的方向。因此，越是对孩子影响大的人，越是不能对孩子轻易下结论。同样的道理，我们对于自己也是这样的。人总是相信自己，所以不要轻易对自己下结论，否则我们就会接受来自自己的强大暗示，让人生变成宿命。此外，做人也不要太敏感，假如内心过于敏感，我们就会怀疑自己的能力，也认为自己根本没有能力实现一切。这样一来，我们不管做什么都会面临不可能的障碍，我们的内心也会越来越胆怯畏缩，导致即使有能力，也会因为故步自封而无法真正实现梦想。

退一步而言，即使我们觉得一切都不可能，也只会使情况变得越来越糟糕，使我们自身畏手畏脚，不敢放开手脚去做最真实的自己。既然如此，我们为何不放手一搏，背水一战呢？没有人的成功不是拼搏而来的，我们的成功同样靠自身的努力去创造、去争取。很多生命垂危的人都会接受“强心剂”的治疗，殊不知对于人生而言，信心就是一剂“强心剂”，一切的可能都让我们更加充满力量，从而努力改变命运。

作为加拿大一个普通的男孩，瑞恩在听老师讲述了非洲的艰苦生活后内心深受触动。他始终牢记非洲的孩子们没有纯净的水喝，因而萌生了想为非洲的孩子们打一口井的愿望。虽然他才上一年级，但是他没有忘记自己的梦想，更没有将其抛之脑后。放学之后，他火急火燎地冲进家里，想向妈妈要70加元。因为他听老师说，只需要70加元，就可以帮非洲人打一口井，让非洲的孩子喝上纯净的水。然而瑞恩的家境并不富裕，妈妈没有这么多钱给瑞恩。对此，瑞恩很失望，然而他并没有放弃梦想。原本妈妈以为随着时间的流逝，小小年纪的瑞恩会忘记这件事情。不想，每天夜晚睡觉之前，瑞恩都暗暗祈祷上帝能够帮助穷困的非洲人，让非洲的孩子也能喝上纯净的水。看到瑞恩即使过了很长时间也没有忘记梦想，妈妈决定给他一些机会挣钱。妈妈规定瑞恩在承担自己的那一份家务之后，如果还能额外再做一些家务，就可以挣到一些钱，诸如刷碗、吸地毯、擦玻璃、修整草坪等。在瑞恩真正去做之后，妈妈都会给他一些钱作为报酬。有的时候，瑞恩也会帮助邻居清洁草坪、打扫院落。得知瑞恩的梦想后，邻居很愿意支持他，也会给他一些小小的报酬。就这样整整过去4个月，瑞恩才攒够了70加元。然而，当他兴冲冲地把钱送给慈善机构时，负责人却说必须要2000加元才能打一口井。攒够70加元，对于瑞恩而言已经很不容易了，2000加元对于瑞恩无疑是天文数字。如何能够挣到这么多的钱呢？妈妈劝说瑞恩放弃梦想，让他等到长大之后再去做自己想做的事情，但是瑞恩却毫不迟疑地说："不，只要我努力，我就能够改变整个世界。"

经过周全的思考，瑞恩决定在同学之间发起募捐活动。他拿了一个矿泉水的空瓶子作为募捐箱，放到教室的讲台上。这样每个同学都可以把自己多余的零花钱放进去，从而积少成多。在他的苦苦哀求下，妈妈还为他给所有的亲人朋友都发了邮件，在邮件里，妈妈详细阐述了瑞恩的梦想以及瑞恩为了实现梦想而坚持不懈的努力。出乎妈妈的意料，亲戚朋友们在得知瑞恩的梦想后感动不已，当即就有人决定捐钱给瑞恩。后来，报社知道了瑞恩的事情，也在报纸上刊登了瑞恩的梦想。很快，瑞恩的梦想在社会上引起了广泛关注，大家纷纷被瑞恩感动，也加入到瑞恩的梦想之中。5年过去了，瑞恩的梦想团队不断发展壮大，现在规模已经达到1000多人。他们在非洲缺水严重的乌干达地区，为那里的人们打了很多口井，使得大多数乌干达人都能喝上纯净的水，再也不至于因为肮脏的水源而生病了。媒体全都称呼瑞恩为"加拿大的灵魂"，很多加拿大人也都以瑞恩为骄傲。

对于一个只上一年级的小男孩而言，70加元就已经是一笔巨款，需要他竭尽全力地为家里和邻居做事情才能挣到。然而，4个月之后瑞恩的梦想依然没有实现，反而变得差距越来越大。2000加元对于瑞恩而言，简直就是天文数字。虽然妈妈劝说他放弃，但是他却毫不动摇，最终小小年纪的瑞恩想方设法实现了自己的梦想，也让非洲乌干达地区大多数贫困的人都有了纯净的水源。不得不说，瑞恩之所以能做出常人无法实现的事情，就是因为他坚定不移地相信他能。

瑞恩坚定不移地帮助非洲的儿童，不是盲目自信，也不是不切实际，而是一种在困境中自我激励的表现。当一个人对自己说出“我能”时，他就一定会变得斗志昂扬，满怀信心地面对未来。哪怕遭遇各种困难和挑战，他们也绝不畏缩和放弃。朋友们，如果你有一颗敏感的心，那么也要学会战胜自己的内心，也要像瑞恩一样坚定不移地告诉自己“我能”，这样你才会发现生活和工作其实并不像想象中那么糟糕，甚至还往往会给我们带来无限的希望和惊喜。

任何人都不能伤害自己

说起生命，总是使人感到非常沉重。曾经一位记者采访一位百岁老人，询问老人对于人生的感悟，老人只回答了一个字——熬。难道人生真的是熬过来的吗？也许现在的年轻人并不理解这句话的意思，一则是因为他们生活在和平年代，二则是因为他们还没有真正品尝到人生的甘苦。对于老人而言，他经历了整整一个世纪，切身体会到生活的艰难，所以他才会毫不犹豫地用“熬”字准确形容人生的艰难。

其实生命原本就是一个沉重的话题，大自然如此神奇，而我们对于生命的认识却那么粗浅。很多人无病呻吟，总是对生命指手画脚，发出不值一提的声音，殊不知，漫不经心地谈论与生命有关的、敏感而又沉重的话题，只会让我们变得更加肤浅。对生命的理解和深刻认知是每个人都无法回避的，毕竟我们唯有真正认识到生命的真谛，领悟生命的价值，才有可能让自己的人生得以升华。试想一个人如果连自己的生命都不尊重，那么他又如何尊重大自然里的一切呢?

尊重生命的人必然热爱生命、珍惜生命，正如保尔柯察金所说，生命对于每个人而言都只有一次。众所周知，《钢铁是怎样炼成的》的作者奥斯特洛夫斯基一生坎坷，为了共产主义事业义无反顾地献身，最终成为一个重度残疾的人。但是他终其一生也没有自我放弃，而是始终竭尽所能地做自己的事情。命运对他非常残酷，但是他对命运从未疏离。哪怕生活如此艰难，他也从未想过伤害自己。现实生活中，有很多人脆弱得不堪一击，一旦遭受生命的挫折或者严厉的打击，就会产生轻生的念头。古人云，身体发肤受之父母，虽然我们已经不再像封建时代一样愚孝，但是我们的生命是父母的恩赐，所以每个人都没有权利结束自己的生命。不得不说，那些不珍爱生命、猝然离世的人，是极度自私和不负责任的。当然，现实生活中也有很多人以其他的方式逃避生命，如有些人选择吸毒酗酒，或者赌博，沉迷于美色。这些都是逃避生命的形式，所谓玩物丧志，他们为了追求一时的快感，而对生命极其不尊重，最终生命将会给予他们严厉的惩罚，让他们意识到自己的错误。遗憾的是生命不能重来，很多时候人们并不幸运地拥有改正错误的机会，而生命留给他们的只有无限的懊恼。

毫无疑问，既然上帝给了人们生命，就是希望人们尽情享受生命的美好。其实人们追求欲望的满足是理所当然的，每个人都有权利让自己生活得更好。然而，凡事皆有度。人之所以不同于动物，就是因为人善于思考，也能做出理智的选择，所以人在满足了基本的生活所需后，要有更高层次的追求，而不要一味地沉迷于物质的欲望中迷失自我。现代社会发展迅速，人们对于金钱的欲望和渴望也更加强烈。当人只是一味地被欲望牵着鼻子走，那么最终仍会迷失自我，也会对自己的生命做出无法挽回的伤害。

有些朋友会说生命只属于我们自己，我们有权利做出任何选择，的确如此，每个人都有权利选择自己不同的人生。但是“人过留名，雁过留声”，对于生命，我们还是要有更高层次的追求。古人云，人固有一死，或重于泰山，或轻于鸿毛，就是告诉我们人要活得有意义，才能在这个世界上留下属于自己的痕迹。在2017年清明节的时候，石家庄的一位年轻母亲先把4岁的女儿从十几层楼高的楼顶扔下来，然后自己也跳楼而死。虽然我们无法得知这位母亲在选择结束生命之前承受了怎样的痛楚，但是大多数人依然无法理解她剥夺孩子生命的做法，甚至有人指责她是一位狠心的母亲。的确，生命原本就是很艰难而又沉重的，既然来到这个世界上，我们就要挺起脊梁，肩负起属于自己的一份责任。这位母亲的做法固然壮烈，但却引得世人指责，也引起了整个社会的反思。

任何时候，我们都要尊重生命。生命是大自然和父母给予我们的最大馈赠，我们完全没有权利伤害和放弃生命。任何时候，放弃生命的人都是非常自私的，也是冲动的，甚至在心理上存在一定的缺陷。唯有珍爱生命，我们才能活出精彩人生。

有个女孩因为身患重病，每天都奄奄一息地躺在医院的病床上。她的身体非常虚弱，无法离开病床，只能透过窗户看到那些即将凋零的落叶。时值深秋，枝头上的枯叶越来越少，只剩下零零星星的几片树叶就要掉光了。女孩不由得悲从中来，想起自己的生命也将如同落叶一样飘然落地，她不由得感到万分沮丧，求生的意念也越来越弱。最终她的病越来越严重，医生虽然用了很多药物维持她的生命，她的生命却渐行渐远。

有一天，女孩有了一个病友。她的病房里住进来一位老人，老人看到女孩儿整天精神恍惚、茶饭不思的样子，所以问她："孩子，你还这么年轻，未来的路还很长，为何如此郁郁寡欢呢？"女孩怔怔地看着窗外的落叶，幽幽地说："生命终将会离去，没有任何人能够改变。"老人摇摇头，告诉女孩："孩子，生命其实在你自己的手中。这些落叶尽管已经飘落，但是来年它们会成为最好的养分，让树枝长出新的树叶。"女孩对此不以为然。因为枝头上的落叶越来越少，女孩的身体也变得日渐孱弱。当天晚上，天上下起一阵急雨，女孩彻底绝望了，她知道等到天亮之后树上就会变得光秃秃的，连一片叶子也没有，就像她的人生一样毫无希望。第二天天刚刚亮，女孩就看向窗外。让她惊讶的是，窗外的树枝上居然多了几片新绿的嫩叶。那些叶子的绿非常浅淡，甚至透露出一种鹅黄色，但是却散发出蓬勃的生机，这让女孩的心情激动起来，因为她感受到了生命的神奇。这时，老人说："尽管每片叶子都会掉落，但是新的叶子也会不断地长出来。与其为那些落叶伤怀，不如欣赏这些刚刚长出的新叶，就像我们的生命一样，它们是生命的奇迹。我们要尊重生命，也要尊重自己，任何时候只有我们不放弃生命，就有机会收获奇迹。"老人的话，使得女孩陷入深思。她不知道的是老人昨天夜里特意打电话让家人从其他地方摘来新叶，然后趁着夜色迷茫，把新叶用细细的丝线捆绑在树枝上。当然这些树叶是如何长出来的并不重要，重要的是女孩在看到新叶之后心情大好，精神大振。她开始积极地配合医生治疗，也努力地给自己增加营养。最终，女孩恢复了健康，快乐地离开了医院。

每个人都要对自己的生命负责，因为一个不尊重生命的人是无法做好任何事情的。生命的机会当然非常珍贵，对于每个人都只有一次，所以生命一旦结束，绝不可能重来，而且随着生命的结束，我们在人生之中的所有努力也都会烟消云散。实际上，每个人的人生都不可替代，每个人都是自己生命的主宰。既然上帝赋予我们如此艰巨的任务，我们就要勇敢地扛起来，精彩地活下去，在任何时候都不要放弃生命。

第 4 章

不尝试战胜敏感，就是让情绪成为你的主人

成为情绪的主宰，远离敏感

当情绪如同潮水一样将我们的心灵淹没，我们必然会陷入绝望和沮丧之中无法自拔。人的焦虑之所以产生，有很多原因，其中敏感是导致焦虑产生的最主要原因之一。敏感的心总是因为各种各样的不足或者外界的任何风吹草动，就产生剧烈的波动。实际上，每个人都有缺点和不足，人生也不可能事事都如意，这是完全正常的现象。如果我们总是因为自身的不足而感到自卑，因为外界的变故而迷失自我，不停地逃避，无法正面面对自己，那么就会使这些原本生活中的正常现象成为我们心中不可触碰的敏感和焦虑的来源。

生活中还有很多人过于在意他人的看法评价，导致他人的任何评价都会使他们焦虑不安。他们害怕他人嘲笑自己，却不知这个世界上大多数人都只关注自己，而很少关注他人，不得不说这些敏感的人往往把自己看得太重，总以为自己在众人瞩目之中，在所有人的眼光聚焦之下，其实这只是自寻烦恼而已。如果我们能够从主观的因素中跳脱出来，不再戴着有色眼镜看待世界和他人，那么我们将会过得更加轻松自如。

所谓“金无足赤，人无完人”，如果一个人过于敏感，就会变得很不自信，从而导致自卑。自卑的人处处都觉得自己不如别人，甚至怀疑和否定自己，常常无法跳出心中的囚牢。除此之外，敏感的人还总是为自己寻找各种各样的理由，而不愿意主动反思自身，这使得他们自我禁锢，无法取得进步。长此以往，他们的心灵不但没有变得开放和理智，而且还会自我闭塞，导致人生也不断地原地踏步。

小林是一个来自农村的孩子。他学习非常勤奋刻苦。所以才能在高考中脱颖而出，考入上海的这所著名大学。然而小林始终没有忘记自己的出身，哪怕已经和同学们一起平等地坐在宽敞明亮的教室里，感受着大都市的风情，感受着大学校园浓郁的学习气氛，他却依然没有忘记自己是从贫瘠的农村来的。开学不久，有一个女孩问小林："同学，你的老家在哪里？"对于初次相识的同学而言，问这样的问题其实很正常，但是小林却突然间变了脸色，因为他生怕那些来自大城市的同学嘲笑他。他对于自己的家乡根本不愿提起，在整整一个学期，他都不再和同学们搭讪，每次上课都坐在角落里。所以即使一个学期过去了，他依然像个隐形人一样，很多女生压根不知道他的名字。

日久天长，小林这样的心态也影响了他的学习。毕竟大学是开放的，同学们要在一起进行各种讨论，也一起在学习上相互帮助，共同进步。小林作为"独行侠"总是自我封闭，独来独往，不但影响了他与同学之间的关系，也使他在学习上面临很多的障碍。

很多人都无法摆脱敏感，而那些高高在上的成功者之所以能够取得成功，赢得众人瞩目，并非因为他们天生不敏感，而是因为他们能够正确对待自己的敏感，把巨大的压力转化为动力，从而让自己不断进步。很多熟悉历史的人都知道拿破仑其实是个身材矮小的人，但是这并不影响他成为大帝。美国前总统罗斯福也是一个因为脊髓灰质炎导致下身瘫痪的残疾人，但这并不妨碍他成功竞选，成为美国总统。不管是拿破仑也好，还是罗斯福也好，他们之所以都能在历史上留下浓墨重彩的一笔，就是因为他们能够战胜自己的内心，控制自己的情绪，让自己的敏感地带不再敏感，变得强大起来。

任何时候，我们都不应该对敏感讳莫如深，因为逃避不能解决问题，唯有勇敢面对，我们才能真正战胜敏感。我们要正确对待敏感，因为敏感是理所当然存在的人生情绪，即便我们无法做到完全无视敏感的存在，也可以想方设法把敏感疏导到正确的渠道上，这样我们才能理智地控制自身的情绪，不让敏感导致的焦虑、忧愁，如同洪水一样淹没我们的内心。一个人唯有战胜自己，成为自身情绪的主宰，才能成为真正的强者，才有可能征服整个世界。

敏感的心，总是更恐惧

生活中很多人都神经大条，他们对于外界不那么关注，而更多地关注自己的内心，所以他们有的时候会活在自己的世界里，怡然自乐。相比他们，那些敏感的人就没有这么幸运了，他们总是过于关注外在世界，也过于在乎他人的想法和看法，最终导致自己惶惶不可终日，甚至迷失了自己。现在社会生活压力越来越大，工作节奏越来越快，每个人都对于金钱和物质有着更强的欲望，却渐渐迷失了自己的本性。马斯洛曾经把人的需求分为五个层次，而所谓的衣食住行只是最基本的生理需求。在满足基本的生理需求之后，我们要更多地关注自己的心灵，追求更高层次的精神需求，这样才能让自己从物质的欲望中跳脱出来，获得更高的眼界和更开阔的人生。

现代社会，很多人都患上了时代性的心理疾病。之所以说是时代性的心理疾病，是因为这些疾病的原因都与时代有着密不可分的关系。这些心理疾病最主要的根源之一就是敏感，大多数人对于“敏感”这个词都很熟悉，通常人们所说的敏感指的是某个人对于他人的所言所行，或者对于外界的一些事物关注度很高。从心理学的角度而言，敏感其实是一种心理障碍，会导致人们发生很多心理疾病。诸如恐惧，就是因为敏感才出现在人们的心中。人们常说初生牛犊不怕虎，为什么刚刚生出的小牛犊子看到老虎也不害怕呢？这是因为小牛犊根本不认识老虎，所以它们对于老虎不敏感，也不畏惧。当然，也许有人会说这会导致小牛犊身处险境，甚至失去生命。的确如此，凡事皆有度，不管是过于麻木还是过于敏感都是不好的，最佳的方式是掌握好敏感的度，让自己保证安全的情况下，尽量大胆起来。不可否认，生活中很多人的恐惧都来自敏感，诸如人们生怕被别人评价，所以不愿意出现在他人的视线中，更不愿意与他人更多地交往。还有一些人不愿意面对陌生人，是因为害怕被陌生人拒绝，更有很多害羞的人甚至不能在公开的场合吃饭喝水，因为他们害怕被别人指指点点。在职场上，也有很多人因为胆怯而不敢和同事或者上下级争取自己的合理权利，最终成为被他人欺负的对象。尤其是在遭遇生活的困境时，很多敏感的人也总是因为害怕而止步不前。

通常情况下，敏感的人不愿意生活中发生太多的改变，也不愿意接受新生的事物。因为他们害怕如果自己不能很好地适应这一切，会遭到他人的嘲笑，也会使事情变得更糟糕。日久天长，他们在故步自封之中变得越来越胆小怯懦，总是寻找各种各样的理由让自己停步不前。其实假如敏感的人可以暗示自己一切皆有可能，成功并不属于特定的那些人，只要敏感的人愿意坚定不移地相信自己，那么就能创造美好的人生。很多人的勇敢并非天生的，而是在漫长的生活中渐渐培养和锻炼起来的。坚持做那些自己想做而不敢做的事情，坚持告诉自己一切都不值得畏惧，我们就能走出内心的恐惧，成就强大的自己。在汶川地震中，有一个12岁的少年冒着随时会被有坍塌的教室掩埋的危险，救出了好几位同学。虽然他年纪很小，但是他内心毫无畏惧，所以他才能勇敢无畏地做出让人敬佩的英雄壮举。相比这位年纪小小的同学，其他学校有位老师在意识到地震之后，居然率先跑出教室，把同学们全都扔下了。虽然是求生的本能导致他这么做的，由此也可以看出他内心的自私和恐惧。

现代社会，勇敢的孩子越来越少，甚至有些孩子根本无法很好地保护自己。究其原因，是因为他们过多地接受父母的照顾，成为衣来伸手、饭来张口的孩子，因而也就对生活越来越缺乏主动性。当然，这与性格也有一定的关系，大多数胆汁质和多血质的人都非常勇敢，他们越是在艰难的处境中越是能够爆发出勇气，从而表现出卓越不凡的行为。心理学家经过研究证实，大多数人都不是天生勇敢，而要经过不断努力和培养，才能让自己渐渐变得勇敢。所以朋友们，不要因为自己的胆小怯懦而放弃自己，而要激励自己更加勇敢，也要相信自己是能够改变的。

人到中年，张明一下子遭遇了下岗。因为失去了从事几十年的工作，他突然觉得心里空荡荡的，毫无底气。对于未来的人生之路要如何走下去，他不敢想，也不敢面对，居然彻底崩溃了。他整日在家里闭门不出，还开始酗酒，每次喝醉了酒就会发酒疯。早在张明下岗之前，妻子刘丹就已经下岗了。然而，平日里看似柔弱的妻子，面对下岗的遭遇，却表现得跟坚强。下岗之后不到一个月，刘丹就决定开一个早点摊。每天早晨天刚刚蒙蒙亮，刘丹就骑着三轮车，带着早点摊的全部家当赶到学校附近的巷子口。其实刘丹起床更早，为了提前准备好豆浆、豆腐脑、馄饨等食材，她半夜就要起床。然而，一切的辛苦付出都是值得的，坚持了几个月之后，刘丹的早点摊生意越来越好，她居然挣得比在单位更多了。

然而，刘丹挣的这点儿辛苦钱，只够一家的吃喝拉撒和零碎开销。眼看着孩子又要交学费了，刘丹不由得发愁起来。刘丹愁得没办法，突然想起张明不能继续这样留在家里。假如自己做早点负责生活所需，而张明出去挣钱负责给孩子积攒学费，那么他们家的生活也就步入了正轨。为此，原本顾及张明的面子问题，一直没有催促张明找工作的刘丹，当机立断开始劝说张明不要继续这样沉沦下去，而要像个真正的男子汉那样，更加勇敢地面对生活。毕竟只要生命尚存一息，生活就要继续下去。在妻子的好言相劝之下，张明终于把心中的死结解开了，他不再想之前工作的任何事情，而是开始全心全意地寻找新的工作。半个月之后，张明也没有找到合适的工作，毕竟他年纪大了。思来想去，他拿出家里仅有的几千元钱积蓄买了 辆电动三轮车，开始在县城里载客。一开始张明因为初来乍到，总是受到同行的排挤，但是想到孩子即将交不起学费，张明变得无所畏惧。他很勇敢，对于他人的排挤，他从不畏惧。有一次，他居然为此跟别人打了一架，虽然打破了头，还缝了几针，但是从此之后再也没有人敢欺负他了。就这样，张明的载客生意越来越好。几年之后，他挣了足够的钱，居然开起了正规的出租车，再也不用骑着电动三轮车风里来雨里去艰难地工作了。

不得不说，原本胆小怯懦的张明因为下岗开始酗酒，后来面临孩子即将交不起学费的困境，他突然变得勇敢，这就是人生的转变。事实告诉我们，人生最可怕的不是面对变化，而是畏惧变化。原本胆小怯懦的人在被事情逼到一定的份上之后，也会变得勇敢起来。其实人的潜能是无限的，我们每个人都比自己想象的更加强大。假如我们足够骄傲和坚强，我们就会成为人生中真正的强者。

恐惧的情绪就像黑暗一样，会如同潮水般将我们淹没。然而我们如果和向阳花一样始终向着太阳，那么就能够驱赶黑暗，让人生充满阳光。尤其是在面对困难和坎坷的时候，我们更要勇敢地面对，而不要一味地逃避。不是有人说，困难像弹簧，你强它就弱，你弱它就强。更何况逃避并不能解决问题，只会使一切更加糟糕。在人生之中，我们一定要端正态度，无所畏惧，才能变得强大，在人生的路上也会如履平地，一马平川。

打开心窗，才能看到美好

现代社会，越来越多的人不愿意面对人群，而喜欢独自待在家里成为宅男宅女，特别是那些敏感的人，更不愿意走入人群之中，接受他人的评价和指指点点。他们觉得似乎没有任何地方比待在家里更安全，也能让耳根清静。看起来宅男宅女已经成为现代社会的时尚，也成为很多人选择的生活方式，当然每个人都有权利选择自己的生活，当个宅男宅女也不会对他人造成负面的影响。但是，长远来看，宅在家里却会影响我们的人生。人是群居动物，也具有社会属性，每个人只有在社会之中才能不断接收外界的信息，让自己变得开放和善于学习。假如我们总是宅在家里自己与自己对话，那么可想而知，我们的人生将多么闭塞。没有新鲜血液的注入会使我们失去活力，没有外界的刺激更会让我们的思维僵化。所以曾经有很多老年人在退休之后都会突然间衰退，就是因为他们失去了生命的活力。因此季羡林老先生曾经忠告老人朋友们一定不要自我封闭，而要走出家门，走入社会。当然现在这个忠告不仅适用于老年人，更适用于很多宅男宅女和自我封闭的敏感人士。要知道封闭对于一个人而言，不仅在于行动上受到限制，更在思想上受到禁锢。就像我们的家里每天都要打开窗户通风一样，我们的思想也要开一个窗户才能与他人的思想不断交流，让我们的人生时时充满活力。

近来，宝宝妈妈发现宝宝爸发生了很大的变化。原来宝宝爸自从失业之后一直没有再去找新的工作，而是留在家里，美其名曰照顾家庭。然而，宝宝爸对于洗衣做饭拖地扫地都提不起兴致来，只能靠着宝宝妈在工作之余回到家里，才能把家收拾得稍微干净整洁一些。宝宝爸越来越颓废，原本习惯于早起的他现在每天都要睡到太阳晒屁股才起床。为了让自己睡得更舒服，他把窗户全都紧紧地关闭起来，以阻隔外界的声音，还把窗帘拉得严严实实，这样一来他根本分不清黑天和白天，总是昏天暗地地睡着。眼看着老公就要变成一个废人，宝宝妈非常担心。她思来想去，决定改变这一切。

这一天，宝宝妈刚刚起床就把窗帘拉开，打开窗户，让阳光和新鲜的空气一起涌进来，不想宝宝爸为此大发雷霆，怒吼着让宝宝妈赶紧把窗户关上。宝宝妈说："你这样整日关着窗户，室内空气流通不好，对于孩子的成长也很不好。"这时，已经有些懂事的宝宝也在一旁帮腔："爸爸，真的是这样的，每次我放学回到家里都觉得家里臭烘烘的。而且老师说我有点缺钙，长得也不够高，需要多晒太阳。”听到儿子这么说，宝宝爸当然无法说什么，只好勉为其难地继续捂着被子蒙头大睡。然而睡了一会儿，他就被刺眼的阳光刺醒了，不得不起床。

难得早起的宝宝爸听到窗外传来热闹而又嘈杂的声音，这才发现屋后的集市上一大早就有了很多小商贩，他们有的卖菜，有的卖水果，有的卖鱼，有的卖肉，个个都忙得不亦乐乎。宝宝爸爸突发奇想：我为何不去卖点儿什么呢？而且集市就在屋后，这可是得天独厚的便利条件啊。当宝宝爸把这个想法告诉宝宝妈时，宝宝妈不由得欣喜若狂，赶紧表示大力支持。思来想去，他们决定就卖水果吧，毕竟水果比较干净，而且也不容易坏。说干就干，第二天宝宝爸破天荒地起了个大早，才4点多钟就去早市批发水果。刚到6点，他就已经回来了，而且早早地正式开张。第一天，他的生意很不错，因为集市上人来人往，人流量很大，他们居然把本钱都赚回来了。看着还剩下那么多水果，宝宝爸高兴地说：“如果明天我们能把这些水果卖出去，那就都是我挣的钱了。”看着宝宝爸骄傲自豪的样子，宝宝妈发自内心地高兴，毕竟挣钱多少也许不是最重要的，但是一个人必须打开窗户，才能看到世界的美好。

一个人如果总是紧紧地关闭窗户生活，他就无法看到阳光，更无法接受阳光的照射。一个人如果内心的心窗也始终关闭着，那么他就无法接受外界的思想，更无法与外界进行交流。他们会因为始终生活在阴暗中变得敏感和抑郁，实际上，每个人都应该学会与外界交流，尤其是要打开心窗，让外界的阳光和思想都照射进来，才能让自己的心越来越辽阔高远。敏感的人不愿意与他人交流，是因为害怕他人窥探自己的秘密，也害怕自己的伤痛被他人发现。实际上，这完全没有必要，因为每个人都有自身的优点和缺点，也有自身的与众不同。在这种情况下，我们与其遮遮掩掩，不如坦然面对外界。当我们有足够的信心悦纳自己，接纳自己，也让自己面对外界时，我们的人生就会变得很简单。而且我们还要学会对待他人，有的时候他人对我们或者充满好意或者充满恶意，无论如何，我们都要坚持做最好的自己，不要把他人的言行举止过多地放在心上，这样，我们才能摆脱他人的眼光，拥有自己的生活，也笃定从容地做最好的自己。

过度忧虑，使敏感的人变老

这个世界上只有两种人，那就是男人和女人。男人的神经大条，凡事都不放在心上，女人的心思敏感细腻，而且往往会陷入莫名其妙的忧虑之中。就连女人自己也承认这个特点，毕竟很多女人因为被敏感和忧思困扰，导致苦恼不已。

对于同一件事情，也许男人依然吃得好、睡得香，但是女人却会整夜失眠，导致自己疲惫不堪。大多数女人的心理承受能力都很弱，对于小小的事情或者外界的任何风吹草动，她们就会感到无力承受，也会因此变得杞人忧天。实际上，不管晚上是否能睡得着觉，事情一旦发生都不会改变，哪怕整夜整夜地失眠，甚至一夜白头，也不会使事情发生好的转变，反而会因为过度疲劳，导致心力憔悴，无法更好地圆满处理问题。当然我们不能否认女人比男人更加认真细致，也思虑周全，这是优点，但是凡事皆有度，一旦过度就会使人陷入焦虑之中。生活中有很多女人都有唠叨的毛病，甚至因此遭到男人的嫌弃，其实就是女人思虑过多的表现。既然整天愁眉不展也无法解决问题，女性朋友何不想开一点，让自己过得开心起来呢？所谓“车到山前必有路，船到桥头自然直”，也许随着时间的流逝，问题自然而然地就解决了。退一步而言，哪怕问题最终没有得到解决，女人也会因为吃得好、睡得香而精力充沛，从而更好地解决问题。

从周一去装修公司看完装修，又去工地看了房子，得知这几天就要交房之后，静静总是睡不好觉。每天夜晚，她都失眠到凌晨两三点，或者担心装修的时候出现什么纰漏，或者发愁装修的钱还没有完全到位。总而言之，她总是忍不住要想各种各样的问题，导致自己在黑暗中瞪大眼睛，越来越清醒，直至睡意全无。看着静静如同烙大饼一样在自己身边翻来覆去，老公也睡得不踏实，因而他苦恼地说：“媳妇儿，你能不能赶快睡觉呢？”每当这时，静静总是生气地说：“你真的能睡得着吗？装修的钱还不知道在哪里呢？都不知道怎么装修。”老公不以为然地说：“难道你这样整夜睡不着，钱就会从天而降了吗？你只会让自己身心疲惫，最后非但无法解决装修的问题，反而把自己的身体也拖垮了，岂不是损失更大吗？而且，你这样翻来覆去影响我睡觉，我明天还怎么上班挣钱呀？！”

其实，老公说的道理，静静都明白。但是要想让她真的呼呼睡去却很困难，她的思绪似乎成为脱缰的野马，已经完全不受她的控制。她总是想七想八，想那些完全无法解决的事情。虽然她也知道这样做于事无补，但就是控制不住自己。随着时间的推移，静静出现了头疼的毛病。去医院进行了全方位的检查之后，医生断定她没有任何问题，只是由于过度焦虑引起的。眼看着来一趟医院大几千元钱又花出去了，静静这才意识到问题的严重性，决定从此之后放下装修的问题，等到真正必须面对的时候再去想办法解决。

对于女人而言，忧虑是最大的杀手。忧虑不但使女人心神不宁，而且会让其容貌衰老、气质全无，也会使女人离幸福和快乐越来越遥远。然而，女人的特质似乎就是爱忧虑，哪怕是生活中一些小事情，也会导致她们忧虑不安。诸如很多未婚的女孩总是担心男朋友对自己不忠诚，在结婚之前又因为房产证上能否加上自己的名字而焦虑不安，结婚以后生了孩子由谁的父母来帮忙养孩子，以及孩子的教育问题最终由谁说了算，都使她们困惑、焦虑，最终很多女孩都患上了婚前恐惧症。其实对于一个尚未结婚的年轻女孩而言，这些问题根本无须担心，因为过度的未雨绸缪就是杞人忧天，但是女孩们偏偏愿意提前这么多年就去考虑让人头疼的问题。曾经有心理学家经过研究，证实那些让人担忧的事情大多数不会发生。这也就告诉我们所有的忧虑都没有必要，因为不管这些忧虑是否真的会发生，我们一味地忧愁不安，都丝毫无法解决问题。与其因为愁思让自己心神不宁，不如“兵来将挡，水来土掩”，从而让人生更从容。

当女人生活在忧虑之中，对于生活就会极度不满意，而且根本无法感受到生活的快乐和满足。她们每天都紧皱眉头，就像怨妇一样抱怨不止。为何人们总是说结了婚的女人是黄脸婆呢，就是因为她们对于婚姻和家庭生活有太多的忧虑。其实忧虑并不能解决问题，反而会使我们容颜衰老，导致我们所担心的老公出轨的问题更加有可能变成现实。在这种情况下，聪明的女人与其花费时间去忧虑，不如花费更多的时间保养好自己，让自己朝气蓬勃、精神抖擞，这样才能永葆青春和美丽，也才能以积极乐观的心态和性格得到老公的认可与宠爱。

生活中也有这样一些女人，她们有自己的人生目标，也有自己的事业，每天都过得非常充实，看起来就像无所不能的女强人一样精力充沛。哪怕是在生活和工作中遇到小小的坎坷和挫折，她们也因为自身的强大而从不畏惧，她们相信自己能够处理好一切，也更愿意以这样强大的姿态过好一生。所以女性朋友们，从现在开始，让自己成为一个快乐的女人吧。在危机还未到来的时候，我们可以未雨绸缪，但是却不要杞人忧天，更不要让尚未发生的事情影响我们现在的生活。也许等到事情真正发生的时候，我们早就有能力去解决了，所以与其提前透支生活中的快乐，不如活在当下，尽情地享受幸福和快乐的人生！

敏感的人，更会被嫉妒之火焚烧

心怀宽阔的人如同生活在天堂一般，每天看到的是世界上美好的人和事，总是心情愉悦。而心怀嫉妒的人就像把自己置身于地狱之中，导致自己每天都焦虑不安，也因为嫉妒而与他人水火不容。嫉妒就像是一剂慢性毒药，总是让人失去自己的本心，迷失在人生的攀比和虚荣之中。有些嫉妒心过强的人还会放弃自己的原则，做事情毫无底线，最终惹火烧身，使得人生变得支离破碎。

在一则纪实类节目中，曾经播放过一个骇人听闻的谋杀案。谋杀案中的杀人凶手是一位年近60岁的女人，因为她的孙子是个弱智，而邻居家的孙子聪明活泼，比自己的孙子好得多，为此她妒火中烧，把邻居家的孙子骗到家里残忍杀害，然后埋在院子里的花坛下面。邻居家找不到孩子，简直要急疯了，因而报了警。然而经过好几天的调查，大家都没有怀疑这个看起来非常和气友善的邻家奶奶。后来，警察经过细致入微的调查发现了蛛丝马迹，顺藤摸瓜，最终才找到了孩子的尸体，把这起恶性杀人案件落实了。最终的结果让整个村子里的人都感到非常震惊，大家无论如何也想不到一个60岁的女人如何能对着天天喊自己奶奶的可爱孩子下手。这就是嫉妒的烈火在人的心中焚烧，使得人完全忘记了自己的本性，而变得歇斯底里，彻底疯狂。

三国时期，周瑜一直自视甚高，觉得自己能力很强。然而在神机妙算的诸葛亮面前，他最终居然被活活气死了。实际上，并非诸葛亮的语言真的能杀人，而是周瑜的嫉妒之心太强，最终导致他根本无法面对和承认诸葛亮比他更强的事实。所以周瑜不是被诸葛亮气死的，而是在设计陷害诸葛亮不成之后，被自己活活气死的。对于嫉妒，很多心理学家都曾指出，嫉妒的人注定拥有不幸的人生。很多人常常把自己与身边的人进行全方位的比较，从而导致自己觉得处处不如人，心理失衡，郁郁寡欢。殊不知，当你嫉妒他人的时候，他人并不知道，而你自己却因为自身心理上的障碍，导致发展受到极大的局限和阻碍。这种情况下，嫉妒必然导致自己损失更多，也使自己的人际关系紧张，可谓得不偿失。

在莉莉来到公司之前，漂亮的艾米是公司里的明星。每当聚会的时候，男同事总是争先恐后地邀请艾米一起跳舞，但是自从莉莉来到公司，艾米的地位就被莉莉取代了。原来，莉莉比艾米年轻，也比艾米活泼，最重要的是，莉莉是学音乐专业的，不仅唱歌好听，舞姿也非常优美。自然而然，大家都围绕在莉莉身边，这使艾米妒火中烧，简直难以忍受。

在公司年会上，莉莉成为主持人，而作为曾经的主持人，艾米却落寞地坐在台下。莉莉简直出尽了风头，她的歌声征服了所有的同事。在莉莉一曲唱尽之后，同事们又都要求她再来一首，艾米始终想表现自己，却没有找到机会。她简直恨死了莉莉，为了让莉莉出糗，艾米在莉莉的椅子上洒了很多黏糊糊的糖浆。等到年会结束开始聚餐时，莉莉不知情地坐下去，突然惊叫一声。艾米不由得幸灾乐祸，觉得莉莉只能回家换衣服，也可能就不再回来了。殊不知，老总的夫人正好也在场，因为经常参加各种场合的活动，所以夫人总是给自己带一身备用的礼服。夫人的礼服都是从国外定制的，非常高端，看到莉莉难堪的样子，夫人当即告诉莉莉："没关系，我正好带了一套备用的礼服，大概也用不上了，就送给你穿吧！"莉莉感激万分，当即表示自己很快会把礼服清洗干净送还夫人，夫人却说："你今天在年会上的表现真的非常好，不如就当是额外的奖励吧！这套礼服我还没有穿过，是从巴黎定制的，希望你能喜欢！"看到莉莉居然平白无故得到了一套高档定制的礼服，艾米简直气疯了，原本她是想让莉莉出丑的，不想现在却帮了莉莉的忙。看着莉莉穿着夫人的高档礼服在舞池里摇曳生姿，艾米不等年会结束就愤然离场了。

长江后浪推前浪，代代都有才人出。作为公司里以前的宠儿，莉莉无法接受自己失宠的事实，因而妒火中烧。她完全被嫉妒冲昏了头脑，所以才会做出如此幼稚的举动来报复莉莉。大概嫉妒和愤怒一样，也会使人的智商瞬间降低，否则艾米为何像一个幼儿园的孩子一样呢？如果这件事情被其他同事知道，那么他们一定会对艾米产生不好的看法，艾米也会因此得不偿失。

所谓嫉妒，其实是在自寻烦恼。我们的嫉妒并不能真正伤害他人，反而会扰乱自己的内心，使自己变得心神不宁。在强烈的嫉妒中，我们如同置身于地狱之中，日日不得安宁，总是遭受折磨，最终却毫无收获，反而还会损失良多。有人因为嫉妒而发狂，也有人因为嫉妒最终做出违背法律的事情，导致自己锒铛入狱，既伤害了他人，也赔上了自己的一生，不得不说这样的事情真是得不偿失。嫉妒如同一个毒瘤，生长在我们的心里，明智的人会及时切除这颗毒瘤，从而让自己的心有更多的空间来包容他人，也宽宥自己。

敏感的人抱怨不休，被问题纠缠

如今，社会已经进入高速发展的时代，每个人要想在社会上更好地生存和立足，就必须拼尽全力奔跑。巨大的生活压力和快节奏的生活，以及职场上日益激烈的竞争，使得人们总是不停地抱怨。然而生存的环境是残酷的，不管是在社会环境中还是在大自然中，也不管是人还是动物，要想更好地生存下来，就必须适应外界的环境，一味地抱怨不休，永远也无法解决问题。

常言道，三百六十行，行行出状元，这并非意味着我们只要随便从事某一种行业就一定能够获得成功。大多数情况下，我们要想成为自己所处行业的佼佼者，就必须付出更多的时间和精力，从而让自己快速地成长起来。实际上，人们面临着很多心理问题，尤其是在现代社会，大多数人都感受到内心的煎熬和焦虑不安，尤其是那些看起来光鲜亮丽的白领，看上去在大城市生活每天朝九晚五似乎非常成功，实际上他们因为工作的压力大，生活节奏越来越快，导致身体出现状况，很多人都处于亚健康状态，心理问题更是层出不穷。人就像机器一样，哪怕是靠着电力工作的机器，也需要停下来休息，加加油，变得更加润滑。人如果总是处于高度紧张之中，却又无法找到合适的渠道进行情绪宣泄，那么日久天长人必然感到身心疲惫，甚至情绪也会出现极大的反差。此外，高度的精神紧张还会使人的内分泌失调、免疫力下降，正是因为如此，现代社会才会有很多人在30多岁年华正好的时候突然猝死，给家人和朋友带来无尽的伤痛，也给社会带来更多的反思。

不得不说，社会的高速发展使人心越来越浮躁，很多人都想一蹴而就获得成功，尤其是在商界中，很多精英人士都恨不得马上爬到金字塔的塔尖。为了更快地实现自己的心愿，他们总是没白天没黑夜、废寝忘食地工作。殊不知，在这种持续的压力之下，他们的身体早已不堪重负，最终导致对工作心有余而力不足，又因为无法实现自己对成功的追求，他们沮丧绝望，使心理严重失去平衡。还有一些人不愿意付出努力，而只想通过各种投机倒把的手段获得成功，如很多人坚持买彩票，还有一些人通过炒股等方式赚取资金，实际上这些人都承受着巨大的心理压力，因为当他们的投资长期没有得到回报时，或者得到的回报远远达不到他们的投入时，他们必然产生深深的挫败感，也会使心理陷入严重不平衡的状态。社会生活中有很多投资人因为长期处于焦虑之中，导致出现严重的心理问题，这种现象并不少见。

其实，现代社会不仅成人压力巨大，包括孩子们也面临着前所未有的压力，他们不但要学好学校里的各门功课，而且还在父母的强制下参加各种培训班和补习班。很多孩子根本不希望寒、暑假的到来，也不希望过周末，是因为他们每到休息的时候就要一天接连跑好几个班，如同冲锋陷阵的战士那样四处打仗，根本没有时间休息，更没有时间放松。如此紧张的节奏和高强度的学习，使他们身心焦虑，最终出现抑郁等心理症状。这种现象在心理学上已经有专门的名称，叫作考试综合征。朋友圈里被一篇名为《牛蛙之殇》的文章刷屏了。这篇文章出自一位60多岁的老人之手，写的是他6岁的外孙从3岁开始冲刺民办名校的经历。全家人经过3年的努力，孩子也承受了3年的巨大压力，放弃了原本无忧无虑的童年，最终却与心仪的民办小学失之交臂，使得全家人都备受挫折和打击。更让他们伤心的是，孩子并非因为不够优秀而错失名校，而是因为突然出现严重的精神障碍，不时地抽搐鼻子挤巴眼睛。最终，学校断定孩子有了心理障碍，而形成这种障碍的原因就是长期处于巨大的压力之中。不得不说现代社会的孩子真的非常悲哀，他们再也没有无忧无虑的童年，3岁对于孩子而言正是有初始记忆的时候，因为父母的深谋远虑，他不得不放下自己快乐的童年生活，进入为了小学拼搏的冲刺阶段。整整3年的强大压力，使得孩子最终心理失调，又因为看到父母失望的样子，孩子也觉得心怀内疚。这个时代的问题，到底出在哪里呢？是教育出现了问题，还是家长出现了问题，抑或是孩子们出现了问题？实际上孩子自身并没有问题，只是家长严重的攀比心理使得每一位家长都不够淡定，而又把社会上巨大的压力转嫁给孩子，导致孩子们也不得不从小就拼尽全力地赢在起跑线上。

如今每一个熙熙攘攘的大城市都像一台高速运转、永不停歇的机器，如此紧张忙碌的节奏，使得人们根本无暇顾及自己的内心，甚至完全忘却了自己的初心。在长期的高强压力下，他们越来越紧张疲惫，身心都受到了严重的伤害。这样的生活使人窒息，这也使得现代社会自杀率节节攀升。朋友们，其实人生之路的选择权完全在我们自己手中，我们与其人云亦云，盲目追随他人，不如从现在起就调整好自己的心态，淡定从容地享受人生。

第5章

生活本就不易，放过本已很累的自己

人活着原本就很艰难，如果再处处与自己较劲，导致自己心无所安，那么一定会更加错失人生的幸福快乐，只能与痛苦相伴。诸如虚荣心、嫉妒心等，都是人生的毒瘤，要尽快将其控制在合理的限度之内，才能使它们对于人生没有危害，起到积极的作用。否则一旦过度，就会使人生变得举步维艰。

虚荣心，是烦恼的阶梯

很多人都生活在烦恼之中，其实生活并没有那么让人难以忍受。更多的人只是因为攀比，陷入虚荣心的黑洞中无法摆脱，时时处处与他人比较。在比较之中，一旦自己处于劣势，心情必然更加糟糕。尤其是敏感的人，更常常拿自己的缺点与他人的优点比较，就像田忌赛马一样，如果不改变方式，调整赛马的次序，注定了要输。唯有以自己的三等马比他人的一等马，再以自己的一等马比他人的二等马，以自己的二等马比他人的三等马，我们才有胜算。人生也是如此，在与他人的较量中，一味地使蛮劲是不行的，我们唯有机智灵活，采取更加恰当有效的方法，才能略胜他人一筹。

大多数人对于自己拥有的一切总是漠不关心，也许因为从来没有失去过，所以他们始终无法意识到那些东西的重要性。例如，健康的人很少意识到拥有健康是幸福、美好的事情，而只有等到身体生病的时候，才会羡慕他人的健康平安。穷人也不觉得生活平安就是幸福，而是羡慕有钱人有权有势。他们不知道那些有钱人在拥有足够的金钱之后，却羡慕穷人活得潇洒自在，与家人亲密无间。现在社会有很多有钱人因为金钱和财产的纠纷，导致父母子女反目，兄弟姐妹之间成为仇人。想必在这样的时刻，有钱人一定懊恼万分，宁愿千金散去，也渴望得到全家人围坐在桌边吃着粗茶淡饭的平安喜乐。总而言之，人生之中有太多的东西值得我们拥有，我们敏感的心也因此更加热衷于攀比。用自己的短处比别人的长处，用自己的弱点比别人的优点，用自己没有的东西来比别人拥有的东西，渐渐地，在攀比中，我们把自己弄得一无是处、万分沮丧，而根本完全忽略自己正掌握着的幸福。

其实攀比心之所以存在，是因为人的心过于敏感，也因为人心过于爱慕虚荣。常言道，人活一张脸，树活一层皮，尤其是在很多中小城市里，人与人之间都很熟悉，所以攀比现象也就显得更加严重。很多人为了面子总是不顾一切地与他人攀比，最终只要面子不要里子，哪怕打肿脸也要充当胖子，在攀比中完全迷失了自己。

想从攀比中摆脱出来，我们就要更加客观公正地认知自己，从而避免盲目地与人攀比。牛顿曾经说过，只有站在巨人的肩膀上才能看得更远，作为普通人，我们也要开阔自己的眼界，拓展自己人生的视野。毫无疑问，每个人都有自己的优点，也有自己的缺点。我们唯有看到自己的缺点，也看到自己的优点，才能悦纳自己，才能坦然接受自己，也取长补短，扬长避短，让自己得到更好的发展。要知道每个人都有自己的人生，每个人的人生都是不可复制的，哪怕我们羡慕他人的成功，也不可能让自己完全和他人一样获得成功。所以我们可以从他人的成功之中汲取经验和教训，而不要盲目模仿他人。唯有走出属于自己的人生之路，我们才能走得更加坚定，才能活得更加精彩。

其实攀比还有另外一种方式，那就是和自己攀比。与和别人攀比而使得自己沮丧绝望相比，和自己攀比让我们变得更从容。如果今天的我们比昨天的我们有了一点点进步，这就是值得欣慰的事情。就像在学习上很多父母总是把孩子与其他孩子进行比较，殊不知，你的孩子与其他孩子天赋不同，所擅长的领域也不同，而且处于的身心发展阶段更是不同，既然这样，为何要把孩子与其他孩子比较呢？与其让孩子在与其他孩子的比较过程中自惭形秽，不如让孩子与自己比较。明智的父母不会要求孩子必须超过班级上的每一位同学，而是会告诉孩子每天都要努力进步，只要今天比昨天更进步一些，那么就是巨大的成功。古人云，不积跬步，无以至千里。孩子的成长更是要点点滴滴、慢慢积累，而不可能一蹴而就，一步登天。

现代社会攀比的现象更加严重，其实现在很多孩子的攀比心都是受到父母的影响，作为成人，我们更要端正自己的思想，正确对待自己与他人的不同。既不妄自菲薄，也不妄自尊大，唯有客观公正地认知自己，才能摆脱抱怨、愤怒、敏感等负面情绪，从而让自己的人生精彩起来，古人云，人贵有自知之明，这句话告诉我们人必须端正积极地对待自己，才能扮演好自己的角色，避免生活因为敏感而黯然失色。

爱慕虚荣，会陷入人生的黑洞

现在社会很多人都追求金钱，殊不知爱慕虚荣的人比贪财的人更可怕，更容易陷入人生的黑洞之中，无法自拔。很多人因为过于爱慕虚荣，甚至迷失了本心，放弃了自己做人做事的原则，最终导致不择手段实现目的。尤其是在职场上，那些被虚荣心胁迫的人很容易做出出格的事情，他们利用职务之便违反道德和法律规定，最终导致自己铤而走险，职业生涯也被毁灭，人生更是从此蒙上阴影。在前段时间热播的反腐大剧《人民的名义》中，第一集里一个出身贫寒的处长就因为贪污受贿大量钱财被直接抓捕。这位处长真是可悲，他身居要职，贪污了几亿的钱款，却因为胆小始终过着清贫的生活，贪污来的钱他一分都不敢花，而且就连给老母亲的钱，也一直保持在每个月300块。那他到底为什么要贪污呢？这就是人的爱慕虚荣，他内心深处渴望荣华富贵的生活，却因为害怕而不敢轻举妄动花那些来路不正的钱。最终，他锒铛入狱，无法对孩子、妻子和老人做出交代。

提起爱面子，很多人马上就会想到女人，因为在生活中大多数女人都喜欢与他人攀比，尤其喜欢在物质层面与其他女人进行攀比。例如，她们每次穿了新衣服，就会展示给同性的朋友看，或者展示给同事或者是闺密看。但是当其朋友也穿了漂亮的衣服时，她们的心里却感到很酸涩，尤其是别人有了自己没有的东西，她们往往觉得面上无光。为此，很多女人为了漂亮的服装、华贵的首饰等总是不择手段。尤其是现在社会物欲横流，很多年轻的女孩为了获得奢华的生活，甚至主动在社交网站上发布求包养的声明。曾经有记者在很多音乐或者影视学院门口做过调查，即如果一个中年男性开着100万元以上的豪车停留在学校门口，那么很快就会有年轻漂亮的女孩主动过来搭讪。不得不说，人心已经迷失在金钱和物欲之中。在当代社会，虽然没有钱是万万不行的，但是金钱却永远不是万能的。很多时候，人生之中有更多重要的东西值得我们珍惜。这些东西都是金钱买不来的，也是我们不应该为了金钱而抛弃的。有人说金钱能够买来房子，但是买不来家；金钱能够买来陪伴，但是买不来爱情和亲情；金钱能够买来很多名贵的药物，但却买不来健康。的确，金钱能够做很多事情，却永远不会无所不能。

现实生活中，很多爱慕虚荣的人总是只要面子不要里子，他们在被逼到一定程度的时候，就会选择打肿脸充胖子。哪怕很多事情已经远远超出他们的能力范围，他们也只能硬着头皮去干。然而爱慕虚荣的人也分成两个极端，他们中有的人为了挣钱不择手段，但是有的人明明需要钱，却因为爱面子不愿意去做那些自己觉得不够体面的事情。前者虽然不好，后者也不值得提倡，毕竟对于金钱的追求只要适度而且合理，就是完全值得尊重的。举例而言，一个人如果为了面子整日在家里啃老，那么还不如去做一份普普通通的工作，哪怕只是当一个清洁工，也要凭借自己的双手养活自己，这样的人才是值得尊重的。此外，一人活着并不只是为了自己，而要承担起家庭的责任，很多人爱面子到了过分的程度，一直找不到合适的工作就放纵自己，最终导致家庭生活困窘、经济困难。不得不说，这种爱面子也是非常可怕的，不但害了自己，也拖累了家人。实际上面子问题固然重要，但并不是在任何时刻都排在第一位。生存是非常严酷的事情，一个人如果不能满足基本的生存所需，就没有资格追求更高层次的需求。在这种情况下，尤其是当基本生存需求都无法得到满足的时候，所谓的面子只是一个虚无缥缈的东西，活着才是最实在的。

大学毕业后，刘敏回到家乡的小县城当了一名小学老师。原本她很高兴可以养活自己，毕竟这么多年来一直依靠父母生活，给父母增加了沉重的负担，她常常为此感动愧疚。刘敏的家庭经济情况并不好，她的父母都是农民，随着年纪渐渐变老，父母已经无法像年轻时一样劳作了。所以刘敏还有一个梦想，那就是要从拿到第一个月工资起，每个月交给父母一定的钱，作为他们的生活补贴。

然而，真正参加工作之后，刘敏才知道事情并不像自己想象的那么简单。每天看着办公室里的老师们都穿得花枝招展，而且总是攀比谁又买了一部新手机，谁又买了一条金项链，或者谁又买了一辆车。刘敏的心一开始还很淡定，后来不由得渐渐烦躁起来。尤其是她每个月还要节省一部分钱给父母用，所以经济上就显得更加紧张。原本她只是想像学生时代一样简单生活，降低消费，但是现在看来几乎不可能。比如办公室里的同事有的时候会向她推荐一些好用的化妆品，如果她始终拒绝，就显得很没有面子。工作一年之后，刘敏的工资虽然涨了几百块钱，但是却越来越不够用了。哪怕不给父母贴补家用，刘敏每个月也依然入不敷出。对于金钱的渴望，使刘敏在寻找男朋友的时候从一个纯粹的爱情至上主义者变成了物质主义者。每当有人要给她介绍男朋友，刘敏总是先问对方家里有没有房子、车子以及对方的月收入是多少。渐渐地，大家都不愿意给刘敏介绍对象了，因为大家都知道刘敏自身的家境并不好，如今却想借着找男朋友的机会改变命运。虽然这无可厚非，但是刘敏强烈的功利性却总让人觉得别扭。

刘敏自己也没有闲着，她知道老师的工作是清水衙门，解决温饱虽然没有问题，但是绝不可能挣到大钱。所以她迫不及待想要借助于找男朋友的机会彻底改变命运。然而，很多事情一旦跑偏，结果就会事与愿违。刘敏虽然想尽办法认识了一个富二代男朋友，但是却被对方的花心伤得痛彻心扉。如此耽误下去，刘敏直到30岁也没有找到合适的男朋友，眼看着年龄渐渐大了，她不得不在学校里找了一位老师结了婚。虽然如此，她却依然没有放弃和他人攀比，总觉得自己嫁给一个老师有些委屈了，所以在婚姻生活中，她总是心怀不满，和丈夫不停地吵吵闹闹。最终丈夫无法忍受刘敏的好高骛远，选择了离婚。刘敏从一个青春的女孩，变成了一个单身的离异女人，如果她依然执迷不悟，爱慕虚荣，那么她的人生一定会走上不同的轨道。

在人生之中，很多人总是当局者迷，在真正置身于某件事情中，感到非常迷惘，无法参透事情之中蕴含的道理和人生的真谛。而等到事情发生过后，他们才会懊悔不已，觉得自己不应该为了所谓的面子丢掉里子，也不应该为了爱慕虚荣不顾一切。尤其是很多内心敏感的人，他们的自尊心过于强烈，最终使得自己死要面子活受罪，导致一切事情远远超出他们的承受范围，人生也陷入被动和不安之中。

毫无疑问，每个人在生活和工作中都希望得到他人的尊重，而要想如愿以偿，我们首先要学会尊重他人。很多成功人士之所以不断地努力，也是为了提高自己的身份和社会地位，然而君子爱财取之有道，为了实现目标，我们不能一味地不择手段。人生追求任何东西都要适度，尤其是现代社会中生存越来越艰难。聪明人既要面子，也要讲究方式方法，才能把每件事情都做得圆满。

追求公平无限度，敏感的心不得解脱

自古以来，人们就不患寡而患不均，很多人都觉得天地之间必须遵循公平合理的原则，因而他们常常在生活中发出抱怨，觉得“这不公平”“我没有得到平等的对待”。诸如此类的抱怨除了使人们的内心更加敏感和愤恨之外，根本于事无补。尽管人们常说人生而平等，其实这个世界上根本没有所谓真正的公平。人生之中每天都在发生各种不合理也不公平的事情，很多意外的事故更是猝不及防就出现。对于那些含着金汤匙出生的人，也许我们穷尽一生也无法达到他们出生时的起点，但这并不意味着我们要放弃努力，更不意味着我们要放弃生命。当然我们不能指责追求公平的正确性，然而，如果一旦因为受到不公平的待遇或者遇到不公平的事情，就导致内心愤愤不平，充满怨恨，那么我们的人生必然遭受更大的伤害。

尤其是那些脆弱敏感的人，他们总是把公平挂在嘴边，殊不知这个世界上根本没有绝对的公平，所谓的公平，只是相对而言的。

很久以前，有一位年轻人怀才不遇，在生活和工作中都进展不顺利，为此他郁郁寡欢，来到深山里寻找智者点拨自己。年轻人向智者抱怨道："这个世界上根本就没有公平可言。我想要得到一份好的工作，我非常努力，每天都抱着简历四处奔波，却始终得不到他人的认可。那些同学或者家里有钱或者有关系，他们只需要带着钱和礼物去见那些关键人物，就能轻轻松松地得到好工作。我不知道，为何命运对我如此不公平呢？"听了年轻人的讲述，智者不由得笑起来。他问年轻人："到底什么叫公平呢？你对于公平是怎么理解和定义的呢？不如你把公平两个字写给我看一看吧！"年轻人非常迷惑，不知道智者为何提出这样的要求，但是他依然在纸上公公正正地写下了"公平"二字。

大师拿起年轻人写好的字认真端详，指着"公平"二字问年轻人："公平二字原本就不公平，写好公字需要四个笔画，但是写好平字却需要五个笔画。由此看来，公平都不公平了，我们又何必追求绝对的公平呢？”年轻人顿悟。

这个世界上原本就没有绝对的公平，我们苦苦追求的公平只是一种莫须有的概念。现代社会上，所有公平都是相对而言的，虽然人们常说只要付出就会有收获，实际上付出与收获非但不成正比，而且有的时候哪怕付出了，也未必会有收获。细心的人会发现整个大自然都在一个食物链之中，诸如大鱼吃小鱼，小鱼吃虾米，虾米吃烂泥，这难道公平吗？当然不公平，然而正是这样的不公平维系着大自然中的生物链保持整体的平衡状态。人类社会也和自然界一样，处于顶端的必然是能力很强的强者，处于低端的是能力比较弱的弱者。我们无法用公平来评判命运，就像有的地方会突然发生地震或者火灾，有的地方却平安无事一样。对于他人的优秀、美丽、聪明和健康，我们哪怕不如他人，也要接受并且给予他人赞美，否则，如果心中始终愤愤不平，想不清命运为何独不偏爱自己，那么我们的人生会更加痛苦。其实每个人都有自身的优点和缺点，我们不但要看到他人的优势，也要看到自己的长处，这样才能获得心理上的平衡。

如今我们生活在和平年代，每天都过着幸福快乐的生活，却因为生活和工作的巨大压力而感到怨恨，殊不知在非洲的很多国家正在战火连绵，那里的人连生命安全都不能保障，也没有充足的食物，更别说能够平安地生活和工作了。这当然不公平，然而这一切都是命运的安排。就算是在比赛的过程中，那些规则也是人制定的，也不可能完全公平。再说说每个有孩子的家庭都密切关注的高考，虽然高考的确有着不合理之处，但是迄今为止高考依然是相对公平的选拔方式，也能够照顾到绝大多数孩子的利益。所以，虽然多年来人们都呼吁专家和教育学者注意到高考的诸多不合理，但是高考依然存在，做到尽量公平地对待每一个孩子。

任何情况下，所谓的公平都只是相对的。真正聪明的人不会追求绝对的公平，而是坦然接受相对的公平，让自己的人生维持一定的平衡。毕竟人生中总是充满各种琐碎的事情，而保持平衡才是最重要的。我们虽然每天都要生活在不公平之中，但是只要内心淡定从容，保持端正的态度，避免因为一味地追求公平而导致心理失衡，就能够坦然地面对人生。很多敏感的人在面对不公平时，总是愤愤不平，其实这除了使自己陷入焦虑之中无法自拔之外，根本起不到任何好的作用。我们与其抱怨外界不公，不如扪心自问自己是否已经做到最好。如若不然，我们就应该努力平衡自己的心态，以适应无法改变的客观存在。

大学毕业后，张强就进入现在的公司工作。他对待工作认真努力，始终兢兢业业。然而5年之后，和张强同期进入公司的人都已经得到了晋升或者加薪，他却始终默默无闻。张强觉得自己已经全力以赴了，老板为何总是不赏识他呢？他不知道问题出在哪里，因而郁郁寡欢。

一天，张强和久未见面的同学碰巧遇到了。他们非常亲热地闲聊起来，还约了一起吃晚饭。闲谈之中，张强谈起自己现在的尴尬处境，同学正好在某公司人力资源部担任负责人，因而问张强："对于那些晋升的人，你觉得他们和你有哪些不同呢？"张强摇摇头说："我觉得他们和我都差不多呀，我们一起进入公司，按理来讲，我们学历相当，经验也不相上下，我想不明白为什么老板要特殊偏爱他们。"这时，同学拿起餐桌上的一粒花生，将其放到盛放花生的盘子里。然后，同学让张强把那粒花生找出来。张强接连摇头："怎么可能呢？这些花生都长得一模一样，我根本找不到刚才的那颗花生。"同学不由得笑起来，然后又拿起桌子上的一粒瓜子放入装花生的盘子里。这时，同学让张强把瓜子从盘子里找出来，张强轻而易举就拣出了瓜子。张强纳闷地问：“你在卖什么关子呢？”同学笑着说：“看看吧，如果你是一粒花生，那么在装花生的盘子里，你肯定一下子就找不到了。但是如果你把自己变成一粒瓜子，在花生的盘子里，你就非常醒目。当然我并不是想让你把自己从花生变成瓜子，而是告诉你当所有人都是沙粒时，如果你能成为珍珠，那么你一定会璀璨夺目，那些关键的大人物也会一眼就看到你。所以不要再抱怨，也许那些得到晋升的人的确有着过人之处，而你现在要做的是发展自己的核心竞争力，让自己成为璀璨夺目的珍珠，这样你离出头之日也就不远了。”

现实生活中，很多人都只看到表面现象，就像事例中的张强一样，他只看到其他人和他同时进入公司、学历相当且经验也相差无几，却没有看到他人身上的闪光点。大多数情况下，问题一定出在我们自己身上，与其浪费时间抱怨老板的不公平，不如静下心来努力反思自己，也客观公正地评价自己。一旦发现问题其实出在自己身上时，我们就要勇敢地放下心中的斤斤计较，以平常心对待不公平的待遇，从而积极地提升和完善自己，把自己从沙粒变成珍珠，一下子就进入他人的眼帘，以极高的价值得到他人的认可和赞赏。

没有人的人生会是一帆风顺的。大多数人在一生之中难免会遭遇不公平，也会因此导致自己内心失衡。然而，真正的智者知道这个世界上没有绝对的公平，对于那些不公平的事情他们会选择平静淡然地对待，理智从容地完善自我。

忘记过去，让心变得轻松

这个世界是有历史的，这个世界上的每个国家也是有历史的，这个国家里的每个人还是有历史的。不得不说，每一个存在的人或者物体，都有属于自己的历史。当物体在历史的沉淀下被赋予一定的意义，那么它就会在人们面前表现出与众不同的神气。对于人而言也同样如此，现在社会很多人抱怨自己的人生经历非常悲惨，殊不知每个人都是这个世界上独一无二的个体，而每个人之所以能够成就今天的自己，正是因为那些无法抹去的历史和过往。

一切的过往都会在人的生命中留下深刻的痕迹。有的人从小到大都衣食无忧，不管什么事情都在父母的安排下进行，他们自然不知道生活的疾苦。与此相反，有的人出生在贫穷的家庭，从小就饱尝生活的艰辛，也会见证父母在漫长而又艰难的生活中慢慢地老去，所以对于生活会有更深刻的领悟和体会。现代社会有很多农村的“凤凰男”来到大城市之后，会得到城市中“梧桐女”的青睐，他们因为爱情走到一起，却在生活的磨砺中渐行渐远。他们很少能够得到幸福的结局，是因为大多数“凤凰男”家境贫困，与娇生惯养的“梧桐女”对于生活的理解截然不同。观念、思想甚至生活习惯的严重反差，使得“凤凰男”和“梧桐女”的婚姻生活令人堪忧。古代社会，很多父母在为孩子结成姻缘之前会先考察是否门当户对，虽然这是传统的观念，但是却有一定的道理。毕竟不同的生活层次的确会导致人与人之间产生遥远的距离，当然，时代就像一个大熔炉，会缩小人与人之间的差距，但是却无法消除人与人本质的不同。这样一来，不管来自城市还是农村，也不管生活优渥还是贫困，人们总会在一起产生思想的碰撞和交流。要想更好地与他人或者新潮的思想融合，我们就要学会忘却。面对生活崭新的一页，要学会忘记过去，才能更好地面对未来。把那些根深蒂固的东西都抛掉，人生也才能轻装上阵，勇敢前行。

人生要学会遗忘过去。这就像一个人背着背篓去爬山，如果总是不停地把那些漂亮的石头放到自己的背篓中，那么在爬到半山腰的时候，他们就会觉得非常沉重。与此相反，如果他们在爬山的过程中不断地捡起漂亮的石头，也不断地扔掉那些不够漂亮的石头，那么背篓的重量就会保持均衡，最起码不会使人觉得无力承担。对人生而言，恰恰也如同背着背篓前行，那些沉重的负担压得我们喘不过气来。唯有学会忘记，忘记心灵沉重的负担，忘记不堪回首的过去，或者忘记那些曾经的辉煌，我们才能再次建立起点，从而果断勇敢地向前。

20世纪，赫赫有名的建筑大王凯狄和“飞机大王”柯腊奇是关系非常亲密的好朋友。为了两家能够好上加好，也为了让彼此的家族生意不断地发展壮大，凯狄想把自己的女儿嫁给柯腊奇的儿子，从而让孩子们世代交好，也让两个家族因为婚姻在生意上成为更密切的合作伙伴，强强联手。遗憾的是，凯狄的女儿与柯腊奇的儿子似乎并不合适，他们的感情之路始终磕磕绊绊，毫不顺利。他们经常爆发激烈的争吵，只是勉强碍于两家的社会地位和名望，保持着貌合神离的婚姻关系。为此，他们的父母也很担忧。

经历过漫长而又难熬的一段生活之后，发生了一件让双方父母都难以接受的事情。凯狄的女儿居然被人杀死了，警方经过调查最终做出结论：柯腊奇的儿子就是真正的杀人凶手。面对这样的结局，两家都受到沉重的打击。最让凯狄一家无法接受的是，柯腊奇的儿子拒绝认罪，而柯腊奇也四处奔波为儿子伸张正义。失去了女儿的凯狄悲痛欲绝，他们全家都无法原谅柯腊奇和他的儿子。他们从生意场上的合作伙伴和生活中的朋友，变成了生意场上的竞争对手和生活中的敌人。一年之后，柯腊奇的儿子被判入狱，柯腊奇为了让凯狄能为儿子说话，总是在生意上故意让出一些利益给凯狄。但是凯狄对此毫不领情，他反而因此更加沉浸在失去女儿的悲痛和对柯腊奇的怨恨之中。直到20年后，事情突然有了转机。原来警察的判断是错误的，柯腊奇并非杀人凶手，凯狄的女儿完全是意外死亡。在美国，这件事情再次引起轰动。在接受媒体采访的时候，凯狄和柯腊奇一致认为：20多年来，他们遭受的折磨是政府的任何道歉和金钱补偿都无法弥补的。

人生能有几个20年呢？人生最美好的阶段，也只是一个20多年而已。从年轻力壮到人生迟暮，期间正好经过20年。度过这个20年，人也从满头青丝到满头白发，这是哪怕付出全世界的财富都无法挽回的巨大损失。假如两家人在当时能够及时忘记痛苦和仇恨，那就不会这样被痛苦折磨20年了。在现实生活中，因为各种各样琐碎的事情，我们难免与他人发生矛盾或者口角，如果一味地陷入愤怒之中，我们反而无法解脱自己。聪明的人学会忘记，能够宽容大度地对待他人的伤害。这样看似是原谅了他人，实际上更是解放了自己，从而避免了一生都在痛苦之中挣扎。

在古希腊的传说中，有一个仇恨袋。每个人在行走道路的时候，如果遇到仇恨袋，就要绕道而行，假如路人因为生气狠狠地踢仇恨袋几脚，那么仇恨袋会越来越大，直到最终完全堵住路口。在人生之中，每个人的心里也有一个仇恨袋，如果学会对仇恨绕道而行，原谅他人，那么我们就能更快地通往幸福和快乐。反之，如果我们总是与仇恨袋过不去，恨不得踢仇恨袋几脚，那么仇恨袋会越变越大，最终彻底堵住我们的去路，让我们与幸福快乐绝缘。人生之中除了生死是大事，并没有什么事是值得计较的。即使在生死面前，我们也依然要记住爱与宽容，不要为了仇恨别人而禁锢自己的一生。唯有学会遗忘，我们的人生才会更加轻松快乐，我们才能轻装上阵，坦然前行。

无法改变外界，就改变自己

很多人都抱怨生活的不容易，也有一些人觉得客观存在的世界简直像是在处处刁难自己，总是与自己过不去。殊不知，客观存在的一切都是无法改变的，尤其是很多随机出现的机会或者机遇，也是我们无法控制的。既然我们不能左右外界的一切，那么不如改变自己，从而让自己变得更加强大起来，也拥有更伟大的征服力。

毋庸置疑，每个人都想实现自己的价值，这是因为人唯有实现自己的价值，才能避免被他人唾弃和遗忘的悲惨结局。人生之中，每个人都会为自己订立人生的目标和方向，如果不能顺势而为，发展自己，就会渐渐地遗忘本心，迷失方向。庄子曾经主张人应该老实本分地过好一生，从字面上理解，这样的观点似乎非常消极，对人生有着被动接受的意味。但是其实庄子是看透了人生的艰难，知道世路难行，所以让我们学会调整自己，从而适应外界的环境。唯有如此，我们才能在最大限度地保全自己的前提下，获得更好的发展。古今中外，有很多伟大的人在真正成名成家之前，其实也一直默默无闻，甚至还曾遭遇生活的坎坷与磨难，但是他们始终没有放弃生活的希望。他们在艰难的人生道路上执着前行，坚定不渝地做好自己，最终得到了命运的馈赠，成就了自己。三国时期的韩信是刘邦的得力干将，原本他只是一个浪荡没落的公子哥，整日过着游手好闲的生活，就连生活也需要一个洗衣服的老婆婆接济。直到有一天，他被屠夫们拦住，遭受了胯下之辱。从此之后，他奋发图强，远离家乡，发誓要做出一番伟大的事业。的确，他改变不了外界，但是他改变了自己，最终获得了伟大的成就。司马迁之所以能够完成《史记》，也是因为他能屈能伸，在遭受残酷的宫刑之后，依然在监狱中完成了《史记》。如今，史记被称为“史家之绝唱，无韵之离骚”，司马迁也因为这部作品名垂千古。

总而言之，历史上有很多大人物都在改变自己之后才改变命运，成就自己伟大的人生。就像马斯洛所说，人的需求可以由低到高分为五个层次。人只有满足最低的生活需求层次，首先生存下来，然后才能谋求发展，追求更高的精神需求。这是现实对每个人的要求，也是每个人都必须适应和真正做到的。

抗日战争时期，南怀瑾曾经颠沛流离，到了四川。为了养活自己，他不得不四处找工作。有一天，他来到一家报社找工作。当时，有一个老人坐在报社的柜台后面，南怀瑾便直接走到老人面前问好，并且询问老人报社里是否需要招聘新人。那位老人把南怀瑾上上下下仔细打量了一番，在确定南怀瑾不是日本人之后，才答应为南怀瑾引荐老板。

南怀瑾向老板介绍了自己的情况，说自己背井离乡来到四川，如今举目无亲，必须努力活下去。老板告诉南怀瑾报社缺少一个清洁工，薪水很少。南怀瑾几乎不假思索地接受了这份工作，而且开始尽职尽责地打扫卫生。后来，老板发现南怀瑾看起来不像是一个清洁工，所以主动询问南怀瑾是否会写文章。南怀瑾当然不敢妄自尊大，而是谦虚地告诉老板自己曾经读过一些书。为了考察南怀瑾，老板当即出了一个题目让南怀瑾写一篇文章。不想，在看了南怀瑾的文章之后，老板大为惊讶，马上就提升南怀瑾为报社的副编辑。在当时，报社的规模很小，所谓的编辑除了需要写文章以外，还要做各种繁杂的事务。但是对于南怀瑾而言这一切都无关紧要，他觉得人的力气是用不完的，哪怕吃一点苦，也无须放在心上。只有生存下来，在当时当地才是最重要的。

人们常说，大丈夫能屈能伸，的确如此，钢铁看起来虽然硬，但是在强力的重压之下，很容易被折断。竹子虽然看起来软，但是因为竹子内部有柔韧的竹丝，所以反而不容易被折断。这就像是很多男人和女人，男人虽然刚强，但是承受压力的能力未必比女人强，女人正因为柔韧，反而能够承担很多生活的艰难。南怀瑾是个真正的大丈夫，他为了生存下去，决定放下文人的所谓架子，先从清洁工做起。后来，他才凭借自己的实力吸引老板的注意，让老板慧眼识珠，提升他当了副主编。

现代社会虽然生存的压力没有那么大，但是一个人如果想在职场上有好的发展，也必须学会能屈能伸。唯有适应外界的一切，我们才能暂时生存下来，也才有机会改变自己，让自己更加适应这个时代，取得良好的发展。

第6章

职场之中别太敏感，身心轻松才能应对更多状况

现代职场原本就状态百出，复杂的人际关系使得人们在工作之余，根本不能轻松。既然如此，我们不如就让自己神经大条一些，不要过于敏感，否则职场的生活就会变得更加难熬。唯有让自己放轻松，不要凡事都斤斤计较，而且要学会装聋作哑、装傻充愣，我们的职业生涯才会进展顺利，我们在工作中也才能保持愉悦的心情。

难得糊涂混职场

这个世界上聪明的人太多，而糊涂的人却太少，能够揣着聪明装糊涂的人更是少之又少。不得不说，真正聪明的人，如果把聪明表现出来，就变成了二流的聪明。只有揣着聪明装糊涂的人，才是不折不扣的聪明人，也才能把自己的聪明运用得恰到好处。尤其是在职场上，很多内心敏感的人总是喜欢把自己伪装成学识渊博的样子，因为他们最担心的就是同事瞧不起他们。所以他想告诉全世界他其实是一个能力很强的人，而且有着过人之处。但是这样的昭告天下有什么好处呢？所谓“希望越大，失望也就越大”，如果一个人在真正开始工作之前把自己描绘得无所不能，那么一旦工作上遇到小小的障碍或者出现不值一提的失误，人们就会对他大失所望，也会对他留下不好的印象。所以，真正有本事的人往往不会把真才实学过早地表现出来，而是能够装傻，也就是我们日常所说的大智若愚。很多人初入职场，在看到那些傻乎乎的人时，都觉得对方一定能力不足。殊不知，这些装傻的人是揣着明白装糊涂。他们看似愚钝，实际上把一切都看在眼里、记在心里，对于一切也尽在把握之中。

古人云，言多必失。祸从口出。在职场上，很多人遇到事情的时候总是迫不及待地发表自己的看法，诸如在开会的时候，他们总是第一个站起来发言，而不愿意耐心听听别人是怎么说的。殊不知，最精彩的发言都出自那些最后发言的人之口，因为他们在倾听他人发言之后，有时间调整自己的表达，也综合他人的真知灼见推陈出新、取长补短，所以他们的发言不但犀利，而且独具特色，让老板拍手叫好，所以很多时候迟钝一些、慢一些，并没有坏处。如今的职场剩者为王，当然，这里的剩不是胜利的胜，而是剩下的剩，意思是说在如此激烈的职场竞争中，唯有真正能够站住脚留下来的人才会有所成就，而那些轻飘飘的人四处张扬，一旦自暴短处，就很容易被淘汰。

对于很多刚刚大学毕业进入职场的新人而言，虽然他们在理论知识上占据优势，但是却缺乏工作经验，也没有与人打交道的技能。要知道，想真正在职场上站稳脚跟，仅仅有能力和水平是不够的，还要学会与同事或者上下级相处，并且处理好各种纷繁复杂的关系。对于刚刚走出象牙塔的大学生而言，学会装傻，不仅仅是自我保护的一种方式，更是一种混迹职场的极高智慧。

一家公司因为经营出现困境，所以特意从猎头公司招聘来两位经验丰富的领军人物。这两位人物中，一位来自外企公司，叫方明。方明在外企担任中层管理者，习惯了外企风风火火的作风，凡事都讲求效率，不讲人情，而且总是板着脸对待每一个下属，绝不留情，说起话来也是毫无保留，直来直去。看起来，方明才刚刚走马上任，在工作上就有了很大的突破。在他的整顿下，整个部门焕然一新，员工迟到早退的现象再也没有了，而且对待工作也战战兢兢，绝不敢疏忽大意。和方明相比，来自另一家小公司的刘军显然如同呆头鹅一样。很多同事私底下都叫方明黑面煞星，而称呼刘军为呆头鹅。原来刘军整天看起来都笑眯眯的，也绝不黑着脸。在对部门的改革中，他不急于求进，而是耐下心来了解部门每一位同事的情况，从而争取制定更加完善的制度。做事情的时候，刘军也慢慢吞吞，不愠不火的。大多数同事都等着看方明出成绩，而认定刘军会闹笑话。不想一年之后，工作的结果却让大家大跌眼镜。原来，方明在雷厉风行之下，得罪了很多员工，导致他所在的部门人员流失率非常高。而刘军呢，与下属打好感情牌，稳定大局，然后再慢慢地温水煮青蛙，渗透性地进行改革，最终大家不但非常拥护他的改革，而且对他也忠心耿耿。就这样，刘军拥有了自己的团队，在工作上如鱼得水。

不得不说，中国的企业文化和西方国家的企业文化还是有很大不同的。从表面上看，方明做事风风火火，雷厉风行，一定能够出成绩，然而实际上职场关系非常复杂，只有能力和水平是远远不够的。作为上司，不但要与自己的老板搞好关系，更要与下属搞好关系。所谓“水能载舟，亦能覆舟”，唯有与下属搞好关系，对管理者而言才能拥有坚实的工作基础，从而得到下属的衷心拥护，也让自己的工作事半功倍。正所谓“磨刀不误砍柴工”，刘军看起来憨憨傻傻，实际上是揣着明白装糊涂，先把下属的心都收拢过来，他接下来的工作自然也就水到渠成了。

揣着明白装糊涂，也就是装傻，其实来源于日本作家渡边淳一的钝感力。渡边淳一认为钝感力是一种迟钝的力量，拥有钝感力的人哪怕在生活中遭遇坎坷和挫折，也能够表现得比较迟钝，从而坚定不移地继续朝着自己的方向前行。当然，所谓的钝感力并不是让我们都变得迟钝，而是让我们在面对逆境的时候能够增强对抗的能力。就本质上而言，钝感力是一种积极向上的人生态度，与大智若愚相似。现代社会生活节奏越来越快，生存压力越来越大，如果过于敏感，我们就会很容易受到伤害。而变得迟钝一点，才能帮助我们更好地保护自己，哪怕面对生活中的不如意，我们也不至于那么气恼，更不会不假思索地逃避和退缩。所以拥有钝感力的人，反而更容易适应这个时代和社会。诸如在电视剧《士兵突击》中，许三多憨憨傻傻的形象赢得了很多人的喜爱。其实许三多就是一个拥有钝感力的人，所以他才能够在逆境中顽强地生存下来，获得比较好的发展。现代职场上，弱肉强食、尔虞我诈的情形并不罕见。要想在职场上生存，我们就必须适应优胜劣汰、末位淘汰等各种残酷的制度。所以人在职场，我们要认可自己的价值，认同自己，也要有意识地让自己变得迟钝一些，从而在激烈残酷的竞争中剩下来，成为胜者。

人在职场，神经要大条

很多职场经验丰富的人士都知道，在办公室里最重要的一条就是不要谈及隐私，不管是自己的还是他人的，都不要谈起。还有很多人也奉行另一条原则，那就是永远也不要把同事当成朋友看待。的确，同事关系与朋友关系还是不同的，朋友关系比较纯粹，没有利益的纠纷，也因为彼此信任和心意相通，使得朋友之间能够毫无芥蒂地交流。但是同事关系则不同，虽然有的时候同事之间要互相合作，才能凝结成优质的团队，齐心协力完成重要的工作。但是一旦遇到利益的冲突，同事之间就会变成竞争关系，甚至有些做人做事毫无底线的人还会不择手段达到自己的目的。所以为了自我保护，我们在办公室里不要谈及自己和他人的隐私，而且在与同事相处的时候，也要把握好合适的度。当然，除了不把同事当朋友之外，我们还要学会友好对待同事，也不要把同事当成敌人对待。现代职场有很多人的竞争意识特别强，对于同事总是虎视眈眈，觉得同事是自己最强劲的对手。殊不知，不管是在职场上还是在生活中，人最美丽的表情都是微笑，当我们展示给他人微笑，他人才会如此回馈我们。否则，同事又怎么可能对我们真诚友善呢？特别是很多初入职场的人，一定要让自己变得不那么敏感，不要因为同事一句无心的话就对同事心怀芥蒂，否则你会花现你无法喜欢任何同事。唯有学会微笑，保持神经大条，这样才能与同事更好地相处。常言道，会哭的孩子有奶吃。在职场上，哭当然是不可取的，每天与同事朝夕相处，最重要的是要保持面带笑容。众所周知，人际关系现在已经成为职场上最重要的关系之一，如果不能与同事搞好关系，我们不但无法顺利开展工作，而且也会与同事关系疏远且紧张，让工作变得不那么愉快。

也许有些朋友会说，我并不喜欢那些同事，如何向他们展示笑容呢？那么你一定曾经去过电信或者是移动、联通等的营业厅，你会发现那些工作人员每个都面带笑容，只不过他们的笑容是职业性的标准化笑容。我们不能要求每个人对同事笑的时候都非常真诚、友善，毕竟同事不是我们的朋友，那么至少我们应该带着职业性的微笑，哪怕在与同事争论比较严肃的问题时，如果我们面带微笑，争论就不会变得恶化。此外，还要注意的是在职场中一定要公私分明，很多人往往无法控制自己的情绪，经常把家里的不良情绪带到工作中，哭丧着脸对待同事，殊不知我们每天与同事朝夕相处的时间非常长，谁也不愿意在漫长的工作时间里始终看到一张哭丧的脸。因此，我们每天出门之前就要把负面情绪全都消除，面带微笑地迎接工作。同样的道理，在从公司回到家里的时候，哪怕在公司受了气遭遇委屈，也不要把工作上的情绪带回家里，从而避免影响家人的情绪。当我们一直坚持这么做，不管在家里还是在公司都面带微笑，日久天长，我们必然发现微笑的收获。因为微笑不仅代表礼貌，也代表友好，当我们面带微笑，整个世界都会变得轻松起来。

大学开学第一天，娜娜就和同学们一起进行了军训。在军训的时候，娜娜总是面孔严肃，从来不会微笑。有一次，军训的教官在闲暇时问娜娜："那位同学，你为什么总是这么严肃呢？难道我欠着你的钱没有还吗？"教官话音刚落，同学们就哈哈大笑起来，然而娜娜依然一脸严肃。

因为教官的调侃，同学们都意识到娜娜是一个非常严肃的人，所以在与娜娜相处时，大家也都情不自禁地板起脸。渐渐地，娜娜与同学们的关系越来越生疏，很多同学都已经成为亲密无间的好朋友，娜娜却依然独来独往。大四那一年，很多同学都外出兼职，娜娜也在肯德基找了一份工作。上班第一天，娜娜就被主管批评了。原来对于点餐的顾客，娜娜始终把脸绷得紧紧的，给顾客留下了非常不好的用餐体验。主管当即决定对娜娜进行培训，并且严格要求娜娜必须在3天之内学会微笑，而且每天工作时都要面带微笑。对于从来不会微笑的娜娜而言，这当然是很为难的事情。但是主管态度很坚决："面试那天，我以为你是因为紧张才不苟言笑。但是如果你真的不会微笑，只怕不能继续留在餐厅工作。其实，不管以后你从事什么工作，你都必须学会微笑，否则你连工作的机会都没有。"娜娜记住了主管的话，在3天的时间里，她每天都对着镜子练习微笑。每当有时间，她就努力提醒自己一定要保持微笑。3天之后，娜娜再次回到肯德基上班时，主管觉得她简直就像变了一个人。微笑使得娜娜变得友好和气，更加甜美。娜娜也感到很惊奇，因为她曾经觉得有些同事看似不好相处，如今都对她很友善。娜娜恍然大悟，原来并非别人不好相处，而是因为她严肃的面孔让人望而生畏。从此之后，娜娜尝到了微笑的甜头。实习毕业回到学校后，她成了一个面带微笑的女孩，与同学们的关系也前所未有地好起来。

婴儿并非从呱呱坠地开始就面带微笑。很多人之所以面带微笑，都是经过后天的努力训练而养成的好习惯。有些职场人士就和娜娜一样，一开始并不习惯微笑。然而在很多服务行业和销售行业中，从业人员如果不会微笑，就相当于自绝生路。所以他们不得不接受特殊的培训，花费大量的时间让自己学会面带笑容，尽管刚开始时他们的笑容会显得有些僵硬，但是当他们真正笑出来，他们的整个容貌都会随之发生改变。有的时候，哪怕是假装的微笑，也能帮助人们把自己和他人的心情都变得更好。当然职业性的微笑是讲究尺度的，生活中我们可以哈哈大笑，但是在职场上很少有人如此放肆地笑。凡事皆有度，过犹不及，微笑也要讲究方式和尺度，让我们都尽量把笑容变得恰到好处。

在职场上，我们会遇到各种各样的人，还要与他们相处。微笑不仅代表我们对他人的尊重，也能表现出我们自身的气度与涵养。所以不要再狭隘地把笑容理解成与心情息息相关，似乎只有心情高兴才应该笑。我们要用笑容体现自身的素质，也要用笑容表现出对他人的尊重和礼貌，这样我们的人生才会更美好。

你敏感，同事也许更敏感

很多人会在职场之中受到伤害，因为办公室就是流言蜚语的集散地，尤其是工作闲暇喝咖啡或者去卫生间的时候，男男女女聚集在一起，更是无法控制地讨论各种小道消息。常言道，有人的地方就有江湖。当我们不小心被他人伤害的时候，一定会抱怨他人的多嘴多舌，那么反过来，我们在职场上行走时也更要注意管好自己的嘴巴，从而避免伤害同事的心。要知道，你的心敏感，也许同事的心比你更敏感。正如前文所说的，任何时候都不要把同事当成朋友，毕竟你们之间既有合作关系，也有竞争关系，一旦事情到了一定的程度，同事也许就会把你说的那些悄悄话传遍整个公司，甚至让你在不觉之间就被他人憎恨。正所谓“祸从口出，言多必失”，我们的嘴巴最好不要过多地用来交流，从而避免成为流言蜚语的散播器。

说到这里，也许很多职场新人都会觉得纳闷：难道每天在办公室里待那么长时间，连话都不能说了吗？的确如此，真正聪明的职场人士对该说的话会说，对不该说的话会紧紧地闭上嘴巴，绝不随便说。因为他们很清楚在职场上乱说话是一件非常糟糕且后果严重的事情。作为职场新人，在初入公司的时候，最先要记住的一条就是：莫论他人是非，当然也不要随意地说自己的是非。如果一个新人总是对他人品头论足，那么哪怕他做得再小心翼翼，从不说他人的坏话，最终事情被传来传去也会导致他的名声受到损害。有一个电视台曾经做过一个实验节目，即让10个成人排成一队，彼此之间相隔不到半米的距离。主持人附在第一个成人的耳朵边说了一句悄悄话，让第一个成人以同样的方式传递给第二个人，以此类推，直到第十个人。当主持人询问第十个人听到什么话时，第十个人说出的话让主持人大为惊讶，因为他说出的话跟主持人最初说的那句话完全不相干，已经变得面目全非了。10个人站在一起，彼此之间只相隔不到半米，而且是以耳语的方式说出来的，按道理来说一句话非常简单，也就十几个字，应该不会有太大的变动，但是最终的结果使人大跌眼镜。哪怕是在咬着耳朵传话的情况下，在如此短的距离和时间内，话也完全变得不同了，可想而知流言蜚语在长久的时间内经过那么多人的添油加醋和渲染，将会变得多么可怕。

新人进入公司最好先不要盲目地说什么，对于公司里的那些小团队也不要急着加入。这个时候多看比多说更重要，毕竟刚进入一家新公司，在新的工作环境中，我们会接触到很多新鲜的事物，所以一定要潜心下来，认真观察，多多向同事学习。这就像一场战争，经验丰富的将领总是提前上战场查看情况，而不会在不熟悉战场的情况下就与敌人厮杀。所谓“知己知彼，百战不殆”，如果连战场都不了解，又如何能够获得战争的胜利呢？因而作为职场新人，一定要尽量少说话，当然这并非让新人一句话都不说，毕竟新人不是哑巴，而是让新人管好自己的嘴巴，多观察人和事物。唯有心中有明辨，在应该表明立场的时候，新人才能果断做出选择。

刚刚走出大学校园的毕业生依然保留着在学校里的习惯，每当遇到为难的事情或者想不开的时候，总愿意找一个人倾诉。要知道同事关系和同学关系有着天壤之别，如果你不分时间场合就向一个不太熟悉的同事倾诉，那么你也许就会闯下大祸。职场不是一个适合谈心的地方，对于不熟悉和不了解的同事，我们更不能轻易地把自己的底牌亮出去。所谓“路遥知马力，日久见人心”，我们要想与同事交好，就需要漫长的、相互了解的过程，而不要总是对同事过于轻信。此外，说话还要讲究时间和场合，区分说话的对象。记住，不该说的话不说，才能避免伤害同事敏感的心，也才能保护好我们的隐私，让自己在职场上明哲保身，获得好的发展。

王凯刚刚参加工作，所以还没有从大学生的身份转变成一位职场人士。他思想简单，性格开朗，对于同事总是毫无芥蒂。每当在工作上有了什么不满或者新的想法，他总是在吃午饭的时候慷慨激昂地讲给同桌的同事听。由于王凯说话口无遮拦，有的时候难免会说出得罪上司的话，渐渐地同事们再也不愿意和王凯同桌吃饭。有的时候，哪怕王凯去到其他同事的餐桌上吃饭，其他同事也会低着头赶紧吃完饭，然后躲得王凯远远的。王凯不知道自己出了什么问题，因为在上大学的时候，他的人际关系非常好。

有一天，王凯实在忍不住，向一位老同事请教自己到底哪里做得不对。老同事笑着说："其实你做得很好，对待工作也比较认真，为人热情开朗，但是你还没有调整好自己的角色，没有从大学生的身份中跳脱出来，如今你已经来到了职场，比起大学校园的环境，职场的环境显然更加复杂、所以你应该管好自己的嘴巴，该说的说，不该说的不说。比如你每天中午吃饭的时候和同事们谈天说地慷慨激昂，但是你无意间说出的话有可能会得罪上司，这样一来与你同桌吃饭的同事也会受到牵连，他们可不愿意在换工作之前就与上司闹翻！隔墙有耳，你不知道你说的每一句话早就被添油加醋地传到了上司的耳朵里。"老同事的话让王凯如梦初醒，他意识到自己的确有些没心没肺了，从此之后他不再口无遮拦，而是谨言慎行，多多用心观察老同事的言行举止。一年多之后，王凯俨然成为公司里的老员工，每当看到新来的大学毕业生毛手毛脚的样子，他就想起当年的自己，不由得哑然失笑。

人在职场，饭也许可以乱吃，但是话却绝对不能乱说。很多时候，我们不知道同事和上司是不是小心眼，但是不管是怎样的人，都不喜欢听到对自己不利的话。所以唯有管好嘴巴，我们才能更好地与同事、上司相处，才不至于祸从口出。

人在职场，要想管好自己的嘴巴，必须做到以下几点。首先，不要说自己的隐私。很多人总觉得先说出自己的隐私就能表现真诚，从而得到他人的真诚相待。殊不知你的隐私一旦暴露，也许不知哪一天就会变成他人攻击你的核武器，在这种情况下你必然变得很被动。其次，在职场上遇到得意的事情时，千万不要张狂。很多人一旦升职加薪，马上就忘记了自己的身份，甚至完全忘乎所以，这样会招致同事的嫉妒。所谓“明枪易躲，暗箭难防”，当同事妒火中烧对你偷偷展开报复的时候，也许就是你苦日子开始的时候。在与同事交流的过程中，最好不要涉及任何人的隐私话题，尤其不要说他人的隐私话题。办公室是个流言蜚语的集散地，也许他人会说很多关于隐私的话，但是你一定要明哲保身，不要轻易加入别人“嚼舌头”的队伍里。此外，也不要轻易地评价他人的是是非非，时间自有论断，在工作上的表现，最终老板也会心中有数，而不需要我们作为第三者去评价。最后，每个人在工作中都会满腹牢骚，聪明的人从不把这些牢骚话喋喋不休地说出来，因为当着同事的面说出这些话并不能真正解决问题。而老板一旦从好事的同事嘴里听到你的牢骚，就会对你心生不满，甚至还会找个机会让你丢掉饭碗。如此得不偿失的事情，我们又为何要做呢？

记住，职场不是你闲聊的地方，也不是你传递流言蜚语的地方。如果你曾经受过他人的伤，那么你就要想到其他同事也许比你更敏感，所以你必须管好自己的嘴巴，才能在职场上立足，也不至于招致他人的怨恨和嫉妒。

吃亏是福，进入职场先学会吃亏

很多大学生刚刚从大学校园中走出来，一下子很难适应鱼龙混杂的职场生活。因此，他们也就成了初生牛犊，因为无知，所以无畏。然而现在社会生存压力越来越大，职场上的竞争日益残酷、激烈。曾经无忧无虑的校园生活已经悄然走远，每一个走入职场的大学生毕业生都要面对百感交集的职场生活。

很多大学生在走出校园时，都有些沾沾自喜和自以为是。他们曾经经历了十几年的苦读，因而自以为是天之骄子，自视甚高。殊不知，职场从来不照顾任何人的自尊心，每个人一旦进入职场，就要与其他同事完全平等竞争。职场的冷酷无情，给予满怀热血的大学生当头棒喝，更给了他们一个下马威，让他们毫无防备地见识到职场的残酷和惨烈。很多大学生在初入职场时都会吃亏，这其实是正常的现象，正所谓“吃亏是福”，在职场上大学生如同蹒跚学步的婴儿，只有多摔几次跟头才能让自己走得更好、更稳。

作为名牌大学的毕业生，琳琳在刚进入公司时自视甚高，总觉得自己学历比较高，而且毕业于名牌大学，因此就趾高气扬。然而，她的骄傲很快让他吃到了苦头。记得到公司报到那天，她因为瞧不起公司前台的文员，所以昂着头没有和那个文员打招呼。后来，她每次因为工作需要去前台打印资料的时候，文员都对她不理不睬的。有的时候别人去复印资料，文员都高高兴兴，而且还和别人谈笑风生。这时候，琳琳站在旁边显得很尴尬。她意识到文员是公司的老员工，而且每个人去打印文件和资料时都要与文员聊天，所以很后悔自己当初不把文员放在眼里。不知道是因为琳琳多心还是因为事实的确如此，她还觉得在文员的挑拨下公司里大多数同事对她都爱答不理的。琳琳仿佛海上的孤岛被孤立起来，觉得非常难堪和尴尬。

意识到自己的错误之后，琳琳决定马上改变。借着情人节的机会，琳琳为文员买了一大盒进口的巧克力，足足花了几百元钱。虽然她很心疼，因为她自己都舍不得吃这么好的巧克力，但是为了在工作中打开局面，她只能与消息灵通的文员搞好关系。文员得到琳琳的这一大盒巧克力依然不依不饶，对琳琳说："我又不是你的情人，你给我送巧克力是什么意思呀？"琳琳笑着说："姐姐你就原谅我吧，我有眼不识泰山。其实报到那天我特别紧张，根本无暇顾及其他的事情，所以就不小心错过了你这座山头。"琳琳的话说得文员笑起来。从此之后，文员对待琳琳的态度缓和了很多。每次打印资料时，文员与别人谈笑风生，也会把琳琳带上。渐渐地，琳琳和其他同事也熟悉起来。

很多职场新人都怨声载道，觉得自己没有得到同事的欢迎。殊不知在现代职场，那些老同事都是经验丰富且资历很老的，为何要主动与一个新来的毛头小子或者毛头丫头搭讪呢？要想与老同事搞好关系，作为新同事就要主动积极一些，而且也可以像事例中的琳琳一样，采取一些"行贿"的方式。所谓"吃人的嘴软，拿人的手短"，小小的礼物就能让他人对待我们的态度截然不同，也从而卓有成效地改善人际关系。

大多数公司对于新人，除了安排给他们分内之事外，还会安排给他们一些杂事。对于这些事情，新人完全没有必要抱怨，毕竟刚刚从大学校园中走出来，缺乏工作经验，只有真正去做了才能积累经验，让自己快速成熟。所谓力气是用不完的，哪怕是在工作的过程中辛苦一点，只要获得进步也是完全值得的。作为职场新人，我们必须记住职场不是大学，没有那么多的真情和友谊。而且职场的上司也不是我们的父母，根本没有必要对我们无条件地帮助和支援。所以在工作中，哪怕吃一点小小的亏，多花一些力气做更多的工作，作为新人也不要抱怨，而要将这些视为难得的锻炼机会，从而把吃亏变成占便宜，也让自己的内心获得平衡。

夹着尾巴做人，未必是坏事

常言道，枪打出头鸟。在职场上，一个人过于锋芒毕露，并非是好事，尤其是对于初入职场的新人而言，对职场上的各种状况还没有搞清楚，就忙着表现自己，很容易无形中得罪他人，处处为自己树敌。所以，真正聪明的人在工作上不会急于表现自己，更不会大张旗鼓地表现自己。他们会先静观其变，了解职场上的各种情况，然后再寻找合适的时机表现自己。此外，他们还会尽量伪装自己，让自己的表现不为他人觉察。不得不说，这样才是职场老鸟的表现。与他们恰恰相反，很多职场菜鸟在一入职场的时候就自以为是，尤其是经过十几年的寒窗苦读，他们更觉得自己已经成为了不起的人才，因而处处指点江山，导致给他人留下恶劣的印象。

很久以前，有一篇文章叫《夹着尾巴做人》。针对这篇文章，还有人专门展开了讨论：是否要夹起尾巴做人。当然，对于那些义愤填膺的人而言，他们是不愿意夹起尾巴做人的。毕竟夹起尾巴做人多了几分憋屈，而少了几分潇洒和洒脱。然而，古人有句话叫“木秀于林，风必摧之”，这句话告诉我们一棵树如果长得太高，超出了树林里其他树的高度，那么当大风来临的时候，它就是第一棵被折断的树。做人也是如此。虽然从气节上而言，我们不要夹着尾巴，但是现在社会却要求我们必须夹着尾巴。当然所谓的夹着尾巴并非是放弃自己做人做事的原则，也不是失去气节，而是让我们保持谦虚低调，这样才能让自己不断进步。大海之所以能容纳百川，就是因为它把自己放在低处。在工作中也是如此，我们唯有保持谦虚低调、虚心好学，才能得到了同事的倾心相授，也才能最终以真正的实力为自己代言，得到同事们的刮目相看。

常言道，王婆卖瓜，自卖自夸，其实大家都知道，对于卖瓜的王婆所说的话，他们都只有“三分信，七分怀疑”。那么作为一个对自己大言不惭的人，我们的话也必然只能得到别人的三分信和七分怀疑。既然如此，我们为何还要自找难堪地去标榜自己呢？与其自己卖弄自己，不如沉下心来好好做事，从而让自己成为实力派。

大四一年，萌萌费了很多心血，经历了无数场面试，才终于进入这家心仪已久的大型公司。她很珍惜这个工作的机会，所以在进入公司之后，对待工作表现积极，对待同事也非常热情友好，同事们都很喜欢她。然而有一天，萌萌做了一件使所有同事都鄙视她的事情，使得她在同事心中的地位一落千丈，从此之后同事们对她都很疏远，再也不愿意与她亲近了。

那次，大家都在会议室里等着开会。有位同事看到桌子上满是灰尘，担心把自己的衣服弄脏，所以就去洗手间拿来干净的抹布，准备把桌子擦干净。萌萌这时正站在窗前看着楼下的位置呢，她知道上司是从外面赶回来给大家开会，所以她想看上司什么时候进入停车场。

正当同事擦桌子擦到一半的时候，萌萌看到上司的车进了停车场，因而赶紧走过去抢过同事手中的抹布，口中还不停地念念有词："我来擦吧，这种小事情怎么能劳烦前辈呢！"那位同事不明就里，就把抹布给了萌萌。没想到萌萌刚擦了一分钟，上司就推开门走进了会议室，看到萌萌正在擦桌子，上司笑着说："看来还是年轻的小同事更勤快啊。在座的各位可都要向小同事学习，把桌子擦得干干净净，咱们岂不是可以趴在桌子上舒服地开会了吗？再也不怕把衣服弄脏啦！"上司的话虽然很好笑，但是同事们的笑声却都很尴尬。大家都清楚，萌萌之所以突然抢过同事的抹布，就是为了在上司面前表现自己，而且对于上司的表扬，她也没有丝毫的推卸，更没有说刚才是哪一位同事在擦桌子。从此之后，大家都觉得萌萌非常虚伪，再也不愿意与萌萌继续交往。渐渐地，萌萌被同事们孤立起来，她每天都独来独往，无聊至极。工作上，同事们也不愿意配合她，最终萌萌不得不选择了辞职，重新踏上了找工作的艰难历程。

人的本性就是喜欢表现自己，就像百灵鸟总是唱出清脆婉转的歌声一样。然而人不能不择手段地表现自己，也不能不分时间场合地表现自己。事例中，萌萌的行为就有些过于明显，所以导致同事们都对她心生反感。最终，她不但没有得到上司的赏识，而且因为同事的排挤不得不离开公司。萌萌可真是得不偿失啊！

大多数敏感的人都很在乎他人对自己的看法，也很愿意在他人面前表现自己。诸如很多孩子希望得到父母和老师的认可，很多下属希望得到上司的一句表扬。这原本无可厚非，但是一旦做得过度，就会“司马昭之心，路人皆知”，引起其他人的反感。人在职场，哪怕我们为了表现自己，也不能因此就贬低同事。唯有与同事搞好关系，我们才能更好地在职场上立足，尤其是现代社会，很多工作都需要与同事团结合作，所以我们与其过多地显示自己的优势，不如适当地暴露自己的劣势，再怀着谦虚的态度向同事请教。这样一则可以避免引起同事的嫉妒，二则也能让自己与同事之间的关系变得更加亲密和亲近。

第7章

人际交往放轻松，紧绷的神经会让你更易出错

很多人对于人际关系总是异常敏感，尤其是现代社会人际关系被提升到前所未有的高度，人脉资源也成为备受关注的重要资源之一，所以人们把人际关系看得至关重要。然而人际关系并不像做数学题，只要认真细心就能避免出错。很多时候，我们越是紧张万分，越是容易导致事与愿违，越是对人小心翼翼，反而不知道什么时候就说错话或者做错事情，导致得罪他人。其实，人与人的交往也是需要缘分的，与其如此紧张，不如放轻松一些，让自己坦然享受人与人之间的美好与和善。

真诚待人，才能得到真诚对待

在这个世界上，除了爱情和亲情之外，友情是最值得珍惜的感情。父母不能陪伴我们度过一生，爱人也未必能够完全与我们心灵契合，而且在琐碎的生活中，我们与爱人之间很容易产生各种误解。现代社会爱情也进入快餐时代，更有很多爱情戛然而止，无法长长久久。唯独朋友是与我们相伴相随一生，始终不离不弃的。从古至今，无数文人墨客都曾不惜笔墨赞美友谊的崇高。唐代诗人王勃曾说，“海内存知己，天涯若比邻”，李白形容友谊“桃花潭水深千尺，不及汪伦赠我情”，孔子也曾说过，“有朋自远方来，不亦乐乎”……这些诗句都告诉我们，即便作为才华横溢的文学家和圣人，他们也非常珍惜友情，看重友情。在这个世界上，也许我们可以没有爱情，但是不能没有朋友。也许我们有朝一日会失去亲情，但是朋友却始终不离不弃地陪伴在我们身边。所以说，人生必须拥有友情，才能算得上幸福圆满。那么我们要如何珍惜友情，才能让其在我们的生命中大放异彩呢?

如今，很多女性朋友都喜欢使用玫琳凯化妆品，让自己变得更加美丽。她们却不知道，玫琳凯化妆品的创始人玫琳凯在年轻的时候，曾经经历过漫长而又艰难的岁月，才创造出玫琳凯这个化妆品品牌，取得了伟大的成就。玫琳凯不但具有顽强的毅力，而且非常真诚善良，当年她曾经为了挽救一位想要自杀的女孩，做出了极大的努力。

那一天，女孩在海滩上不停地徘徊，她脸色阴郁，看起来充满绝望。玫琳凯觉察到女孩的异常，因而微笑着问女孩："你好，我是玫琳凯，你愿意和我谈一会儿吗？"女孩子根本不想搭理玫琳凯，就像没听见她的话一样，依然不声不息地坐在那里。玫琳凯温柔地说："看起来你似乎有什么心事，但是你不管有什么难过的事情，都可以告诉我，我很愿意成为你的垃圾桶，让你把心里所有的垃圾都倾倒出来。"女孩子似乎被玫琳凯的真诚感动了，她沉思片刻之后，和玫琳凯攀谈起来。玫琳凯始终是一个真诚友善的听众，她用真诚的眼睛目不转睛地注视着女孩，全神贯注地倾听，还会时不时地点头认可女孩的讲述。玫琳凯的专注感动了女孩，女孩的情绪渐渐恢复平静，觉得自己得到了理解也被重视。最后，女孩告诉玫琳凯："我原本想在海边结束生命，既然我已经失去了所爱的人，那么活着还有什么意义呢？"

听完女孩的话，玫琳凯和女孩一样感到非常愤怒，她和女孩同仇敌忾骂起那个抛弃女孩的浑蛋，但是在发泄完情绪之后，玫琳凯鼓励女孩："这个世界上有很多优秀的男人，你要相信会有一个更好的男人正在生命的前方等着你。你这么年轻漂亮，而且有气质，我作为女人都很对你怦然心动，更何况是男人呢？所以不要为了一个不值得的人而放弃自己的生命，要相信你的人生会因为错过了他而变得更美好。"玫琳凯帮助女孩解开了心结，女孩的情绪越来越好。她真诚地感谢玫琳凯："谢谢你倾听我说这么多，直到此刻我才意识到，原来离开了那个男人，我也一样可以活得很美好，是你给了我信心和勇气！"

对于初次见面的陌生女孩，玫琳凯能够打开她的心扉，就是因为玫琳凯非常真诚。她在倾听女孩说话的时候，一直用真诚的眼神看着女孩，最终打开了女孩的心扉，也使女孩想要自杀的紧张心情放松和舒缓下来。其实就算在陌生人之间，真诚也是可以互相感应得到的，我们在与他人相处时更要真诚，要理解和尊重他人。有的时候，我们只需要花费一两分钟的时间就可以赞美他人，但是我们的赞美却会使他人兴奋不已，充满信心。对于他们而言，这样的状态可能会维持几天，也可能会维持一年甚至一生的时间。

生活中，人们常说，人心都是肉长的，其实就是说我们在与他人相处的时候要以心换心。从本质上来讲，每个人在内心深处都有一些敏感，都会特别在意自己喜欢或者重视的人对自己的看法，也想要赢得身边每一个人的尊重。在这种情况下，我们唯有先尊重他人，才能赢得他人的尊重。同样的道理，有人说世界就像一面镜子，如果我们对着世界微笑，世界也会回报给我们微笑。其实我们身边每一个人的心都像是镜子，最终他们的心会折射出我们对待他们的样子。所以，先不要急着要求他人，而要从自己做起，主动付出，这样才能将心比心，以心换心，也才能日久见人心。

说话不过脑，贬低他人就是贬低自己

幸好上帝只给了人们一张嘴巴，而给了人们两只眼睛，目的就是要人们多多观察，而尽量减少不假思索地说话。这并非让每个人都当哑巴，而是让人们三思而后再发言，从而减少说话错误的概率，也避免因为嘴巴太快，导致脑子跟不上嘴巴的速度，最终说出完全不着调的话来。

现实生活中，说话不经思考的人并不在少数，很多人的脑袋长在脖子上似乎只是为了美观。说话不经思考，其实有着非常严重的后果，尤其是在愤怒的情况下，人的智商瞬间降为零，又口不择言地说出很多狠毒的话，可想而知必然给他人造成深深的伤害。当然说话不经思考不仅是伤害他人那么简单，更大程度上还会表现出我们的浅薄和无知。有些人慌不择言，对他人恶语相向，目的是贬低他人，实际上却表现出自己的丑陋。语言是心灵的外衣，不得不说一个人如果内心宽和，那么他们无论如何也不会随便说出恶言恶语，玷污他人，也玷污自己。

在大城市，每到上下班的高峰，公共汽车上总是挤得如同沙丁鱼罐头一样。也许是因为天气闷热，再加上车厢里弥漫着难闻的各种气味，两位女士心情暴躁，不知道为何突然发生了激烈的争执。其中那位年轻的女孩长得很漂亮，而且打扮非常时髦。那位中年女性虽然看起来已经青春不在，但是却徐娘半老，风韵尤存。从相貌上看，她气质不俗，年轻时必然也是一个非常美丽的人。仅看这两个人的气质就知道，也许是女孩冒犯了这位中年女性。那位女孩好像知道自己不占理，有些无话可说，情急之下居然以自己的年轻为优势嘲笑那位中年女性。

她尖酸刻薄地对那位中年女性说："看看你自己吧，如同老树皮一样干巴巴的，没有一点鲜嫩的水分。都这样了，你也好意思出来见人。"中年女性并没有因为女孩的浅薄和无知就降低自己的身份，只见她依然优雅地笑着，并没有用脏话侮辱女孩。她气定神闲地说："每个人都会老去，不老的人是人妖。当然你也会老去，但是你要记住，你虽然年轻过，却从没有美丽过。"听到中年女性的话，车厢里的人都会心地笑起来，那位女孩尴尬得满脸通红。的确，中年女性的这句话简直太有道理了，虽然女孩现在很年轻，但是她却没有发自内心的美丽，因而白白浪费了自己的一副好皮囊。年轻的女孩原本想用恶言恶语伤害中年女士，但是却让自己陷入尴尬和难堪之中，并且对中年女性优雅的反驳毫无回击之力。

显而易见，女孩用年轻来刺激中年女性是情急之下冲动的行为。生命的历程就是这样，每个人从呱呱坠地到逐渐成长，从年轻到日渐老去，人人都曾有过青春靓丽的时刻，然而每个人都终将走到暮年的优雅。一个人如果在年轻的时候不懂得让自己的心灵变得美丽，那么即使老去，她也不会拥有优雅的人生。对于女孩而言，那位中年女性年轻时肯定也和她一样美丽，但是这位中年女性发自内心、优雅从容的美丽，却是这个女孩不曾拥有的。所以中年女性优雅地回击，让女孩根本无从反驳，只能哑口无言，自找难看。世界上的很多事情都是相互的，就像我们对着镜子微笑，镜子也会回报我们微笑一样，当我们对他人充满恶意，不惜用恶言恶语诋毁他人，那么我们最终也会自取其辱。

任何时候，我们都要更加宽容地对待他人，当我们宽容他人，其实也是原谅自己，让自己从仇恨中解放出来。人生之中，难免会发生很多意外，人与人相处更是难免产生矛盾。一个人如果不能领悟生命的真谛，哪怕活到100岁，也依然会对人生毫无所知。然而无知并不是一件值得高兴的事情，一个人最可悲的在于不知道自己的无知，却以自己的无知和浅薄为骄傲，到处肆意兴风作浪。最终他们非但没有如愿以偿地让他人陷入难堪，反而使自己成为别人的笑柄。总而言之，在说任何话之前，我们一定要三思而后言。就像老司机都知道在等红绿灯的时候“宁停三分，不抢一秒”一样，我们在与他人相处的时候，越是在冲动的状态下，越是要管好自己的嘴巴，千万不要为了暂时的痛快，而使自己变得为人所不齿。生活中，很多人都喜欢传递谣言，殊不知谣言止于智者。当我们成为谣言的传播器，自然也就变得愚蠢起来。任何时候都不要乱说话，哪怕保持沉默，也不要让说出去的话如同泼出去的水一样无法收回来，这样只会授人以柄，也让我们贻笑大方。

友善亲切，更富有魅力

生活中，有些人也许长得不够漂亮或者帅气，但是他们却极富亲和力。所谓亲和力，就是人们身上散发出亲切柔和的气质，从而吸引他人情不自禁地想要靠近，与我们关系亲密。一个具有亲和力的人，非常适合与他人打交道，因为对于他人而言，他们如同煦暖的春风，吹散了所有的冷漠和无情。他们自身的魅力，使得他们与他人之间拥有一种不可形容的凝聚力，这种凝聚力使他们相互吸引，彼此靠近。

现代社会，如果长得不够漂亮，也许可以去整容；如果觉得气质不好，也可以通过衣着打扮来弥补不足。但是一个人如果没有亲和力，就不是那么简单就能改变的。亲和力来自一个人心底的善良，来自一个人在长期生活中形成的独特气质，所以亲和力就像是一剂强力的凝胶，能够让人与人之间的关系变得亲密和亲近起来。那么如何才能获得亲和力呢？现代社会，人人都知道人际关系是非常重要的，人脉资源也成为大多数人最重要的资源之一，每个人都希望自己身边拥有越来越多的朋友，也希望自己能成为交际圈中的核心，成为整个团队的灵魂人物。尤其是现代职场，每个人都需要与他人团结合作，才能把工作处理好。而一个人即使能力再强，也不可能完全面面俱到。所以在现代职场单枪匹马、孤军奋战的结果就是最终毫无收获，惨淡收场。人生如同战场，不管是在生活中还是在工作中，现代社会的每一个人都拼尽全力，争取为自己创造更好的人生成绩。既然如此，我们就要与身边的人团结一致，这样才能起到一加一大于二的效果。尤其是在人际交往中，当我们每次出现都能成为众人瞩目的焦点，可想而知，我们是多么光荣啊！

遗憾的是，现实生活中大多数人都太敏感。他们总是对于事情有着过度的反应，也无法原谅自己和他人。一个敏感的人往往没有亲和力，尤其是在职场上，他们因为斤斤计较、草木皆兵，所以在人际关系方面始终处于被动的地位，无法发挥积极主动的作用。实际上，在社会交往中，亲和力是至关重要的。不管是在生活中还是在职场上，或者是在商场的竞争中，哪怕是进行商业谈判，一个有亲和力的人也更容易打动对方的心，从而使谈判顺利进行下去。反之，如果一个人让别人一看起来就心生抵触，那么一切的交谈都无法顺利进行，所以聪明的朋友知道要努力打造自己的亲和力，才能拥有好人缘，才能受到更多朋友的欢迎和喜爱。

马姐人到中年，孩子已经上小学五年级了，基本上不再需要她接送。所以在家赋闲好几年的她决定外出找工作，原本现代职场上很多单位都希望招聘35岁以下甚至30岁以下的年轻女孩，对于马姐这样的中年妇女，他们总是采取闭门羹的态度，将其拒之门外。然而马姐毫不气馁，她接连跑了好几家公司，最终来到一家二手房销售公司应聘房产经纪人。看着单位里那些年轻漂亮的女孩都才二十出头的年纪，马姐并没有觉得自惭形秽，反而她认为自己作为一个中年妇女，也许更适合向客户推销作为不动产的房子。因为大多数买房的人都已经到中年，或者即将准备结婚，而她作为过来人，会与客户有更多的共同语言。这么想着，马姐鼓起勇气递上自己的简历。

果然不出马姐所料，门店的负责人在看完马姐的简历之后，当即打电话通知马姐前来面试。原来，面试是要由区域总监进行的，而总监也是一位中年女性，有一个8岁的孩子。两个中年妇女见面，可以想象马姐和区域总监一见如故，谈起孩子，谈起家里的老人，谈起生活中的琐碎和重重艰难，她们居然不知不觉地谈了一个多小时。总监一看手表，才想起自己要去总部找老总开会，因而赶紧和马姐说抱歉，并且签字通过了马姐的面试。事后，总监对门店经理说："我可是给你招聘来一个非常优秀的大姐。这个大姐特别具有亲和力，相信她未来在销售上一定会有不俗的表现。"果不其然，当很多小姑娘都在暗暗揣测马姐作为家庭妇女一定没有更多的时间工作时，马姐被总监破例批准每天朝九晚五上下班，比小姑娘们早好几个小时结束工作。虽然工作时间打折了，但是马姐的销售业绩却丝毫没有打折，她的销售业绩始终是店里最优秀的。原来马姐的亲和力使她在工作中如鱼得水，很多客户一看到她，就像见到姐姐一样亲切，也因此非常信任马姐。此外，马姐能够设身处地地为客户着想，从而让客户更愿意与她亲近。有的时候遇到带孩子的客户，马姐还会表现出深深的母爱，让客户感受到她的真诚和用心。就这样，马姐刚进入公司两个月，就成为门店销售冠军。原本对马姐的年龄有所顾虑的门店经理，此刻已经顾虑全无，而且恨不得把马姐当成门店里最优秀的标杆树立起来，成为所有人的榜样。

人与人之间的交往主要通过语言作为媒介进行，语言在人际交往中就像桥梁一样起到至关重要的作用。那么在与他人交往的过程中，语言的交流自然是必不可少的，拥有亲和力的人在与人交往时，能够更顺利地打开他人的心扉，尤其是当他们运用语言的魅力表现出自己的真诚和友善，人际交往进展就会更加顺利。然而亲和力并非是天生的，也不是他人赋予我们的，如果要想拥有亲和力，我们就要努力从各个方面提升自己。一个有亲和力的人在交谈中总是富有自信，充满积极和热情，他们从不咄咄逼人，而是谦虚低调，非常尊重他人。他们给予他人留下美好的印象，也使得他人更愿意与他们亲近。当然亲和力并不仅仅如此简单，实际上亲和力是人的各种优秀品质综合在一起才能最终形成体现出来的。

对于从事销售工作的人而言，亲和力显得更加必不可少。众所周知，销售工作的工作对象就是形形色色的人，诸如事例中的马姐，因为她卖的是贵重的房产，所以她的工作对象更是从普通的老百姓到学识渊博的学者，从贫穷的农民到一掷千金的有钱人，什么样的人都有。这样一来，要想在跨度如此大的人群之中始终保持亲和力，马姐显然要有丰富的人生经验和阅历，也要有良好的心理素质和广阔的知识面，这样才能与每个人都能聊到一起，从而掌握人际交往的主动权。作为一名销售顾问，最重要的不是把房子介绍给客户，而是先把自己推销给客户。所谓顾问，就是在某些方面比客户更优胜一筹的人，那么既然是二手房经纪公司的置业顾问，马姐肯定要比客户在房产方面掌握更多的知识，也要对客户起到积极的引导作用。很多销售人员对于客户的定位都有着误解，觉得自己要卑躬屈膝地为客户服务，才能最终赢得客户的认可，其实不然。在很多贵重物品的消费领域，作为销售人员更应该成为客户的向导，以专业的知识和清晰的逻辑，以及优雅不俗谈吐征服客户，得到客户的信任，从而使客户更慎重考虑我们的意见和建议，最终做出明智的选择。

有亲和力的人绝不害羞胆怯，很多人误以为亲和力就是表现出足够的温柔，实际上温柔和亲和力截然不同。亲和力并不代表在人际交往中的节节败退，因为不断的退让并无法成功说服他人，从而促使交易达成。在与他人交往的过程中，有亲和力的人更多地占据主动的位置，而且言谈举止都非常到位，因而对他人具有强大的吸引力。所以在与他人交谈的过程中，我们应该心胸开阔，有宽容的气度，而不要斤斤计较。对于他人无意间说错的话或者做错的事情，我们唯有采取原谅的态度，才能让他们心安，也才能让自己从心牢中解脱。

做人做事不绝，给自己留好退路

生活中，总有些人做事情非常决绝，对于事情的处理绝不留下任何退路，这样虽然把别人逼上了死角，但是也把自己逼上了无路可退的地步。其实人生永远不可能是一帆风顺的，更没有人在一生之中永远顺遂如意。那么在遇到命运不济的时候，我们如果总是做事不给自己留退路，就会感到懊悔。其实不管什么时候，我们都应该给自己留下一定的空间，也给他人留下回旋的余地。古人云，春风得意马蹄疾，在人生中得意扬扬的时候，我们也不要对别人逼得太紧，而要给对方一定的台阶下，或者当对方不小心犯了错误，我们更不要抓住对方的错误不放，从而逼得对方无处遁形。人们常说，给他人留面子，就是给自己留面子，正是这个道理。

在婚姻生活中，有很多聪明的女人在遇到丈夫出轨的时候，并不会采取一哭二闹三上吊的方式，而是默默无闻地关心和爱护丈夫，从而用爱和耐力把丈夫拉回家庭的怀抱。殊不知，很多男人出轨的时候并没有想离婚，只是因为妻子的过度吵闹，他们最终不想再面对已经撕破脸皮的妻子，所以只能坚定不移地走上离婚的道路。如果妻子不想离婚，而是选择原谅丈夫，继续为了孩子保持完整的家庭，那么就要在处理出轨事件之前谨慎思考，千万不要因为丈夫犯了错误，就对丈夫盛气凌人，甚至落井下石。人非圣贤，孰能无过，在丈夫犯错的时候，如果妻子能够宽容地处理，给丈夫留足面子，而丈夫也愿意回归家庭，那么相信在经历出轨风波之后，夫妻之间的感情会修复得很好。很多家庭之所以不堪一击，并非丈夫真的打定主意要和妻子离婚，而是妻子无所顾忌、歇斯底里的所作所为，把他们从家里逼了出去，让他们再也没有回头路可走。很多妻子在打过闹过之后，面对婚姻的破裂懊悔不已，却已经追悔莫及。

人们常说，说出去的话如同泼出去的水，是根本不可能收回来的。的确，很多话就如同钉子一样深深地扎在别人的心里，哪怕你把钉子拔出来，别人的心上依然留着深刻的伤痕。所以在说话做事的时候，我们一定不要不顾一切，不给自己和他人留后路。要知道，断绝他人退路的同时，我们也把自己逼上了绝路，导致事情朝着不可预知的方向发展。当一切变得决绝，其实就意味着我们对于事情的把握完全失控。所以，不管面对什么事情，如果想解决问题，就一定要控制好自己的情绪，不要因为任何原因陷入失控之中。

大学毕业后，小米和小麦作为大学时期的同窗好友，又走入同一家公司开始工作。然而，虽然他们大学期间关系比较好，但是自从走上工作岗位之后，小米总觉得小麦对自己虎视眈眈。原来小米天资聪颖，对工作理解和领悟都很快，所以在工作上进步神速。而小麦呢，脑子转得比较慢，因而在工作上进展缓慢，这也导致她对工作失去信心，更对小米的优秀耿耿于怀。

有一次，小米不知道为何在工作上出现重大失误，其实以她的水平根本不应该出现这样的错误，因此领导狠狠地批评了她一顿。正当领导严厉批评小米时，小麦来到办公室给领导送一份文件。领导对小米说："看看吧，你已经进入公司一年多了，根本不应该犯如此低级的错误……"小麦这时火上浇油地说："是呀，我们都已经来公司一年多了，时间过得可真快。想想一年多以前我们还在大学里是同学呢，现在却已经成为同事。"小麦说完这话就走了，领导不由得更加生气，把小米又狠狠地批评了一顿。一次错误并不能代表小米的水平，所以领导对小米还是非常器重的。后来，在主管得到提升之后，领导把小米提升为部门的主管，这时候小麦显得非常尴尬。虽然小米已经把她曾经落井下石的行为抛之脑后了，但是她根本不知道应该如何和小米相处。犹豫纠结了一段时间之后，小麦选择了辞职，不得不再次奔波在找工作的路上。而小米进入了职业生涯发展的崭新阶段，成为公司中颇有前途的中层管理者。

假如当初小麦能够看在与小米是同学的情分上，在小米犯错的时候不当着领导的面对小米落井下石，那么她也许心里就不会觉得惴惴不安，也就无须选择辞职了。遗憾的是小麦做事情非常决绝，而且丝毫没有考虑到后果。最终虽然小米将她曾经落井下石的行为抛之脑后了，她却因为自己的小肚鸡肠，始终无法迈过自己心里的坎。不得不说，有的时候我们断绝他人的退路，实际上也是切断自己的退路，导致自己进入人生的死胡同，退无可退，前进也变得不可能，因而陷入尴尬之中。

常言道，饭可以多吃，话不可以多说，事不可以做绝。这句话告诉每一个人为人处世的重要原则。对于每个人而言，人生都不可能是一帆风顺的。就像海面上的波浪会有波峰和波谷一样，人生也有高峰和低谷。得意的时候，我们不能因为人生得意就看不起他人，也不要因为人生失意就沮丧绝望。所谓天无绝人之路，唯有给所有事情都留下回旋的余地，我们在人生之中才有更大的可操控性和把握性。现实生活中，有些人总是年轻气盛，自以为是，做事情的时候完全凭着冲动和任性，不管不顾，最终不但把别人逼入绝境，也使自己陷入困境之中无法摆脱。其实说话做事看似简单，实际上却是人生中最艰难的事情。要想把话说得恰到好处，把事做得圆满，我们必须多多动脑子，也要拥有广阔的胸怀。凡事过犹不及，在与人相处时，我们一定要懂得适可而止。记住，做事有余地，是人生的一种睿智。

设身处地为他人着想，不要咄咄逼人

生活中，大多数人都会犯一个错误，即在考虑问题的时候总是从自己的主观角度出发，而很少能够设身处地地为他人着想。殊不知，金无足赤，人无完人，每个人都有自己的优点和缺点，每个人也都有自己人生的特殊情况。尤其是在人际交往中，如果我们在与他人沟通时，总是因为一言不合就与他人发生争执，那么只能是我们和他人之间至少有一方过于主观主义，过于以自我为中心，而完全忽略了他人的感受和体验。其实生活中的很多矛盾都是这样引发的，如果我们能够换位思考，站在他人的角度为他人着想，也不在他人犯错的时候抓住他人的错误不放，相信人与人之间的关系一定会变得更加友善。

从心理学的角度来说，所谓设身处地为他人着想，就是角色置换。简而言之，就是人们从心理上把自己看作对方，从而站在对方的立场上考虑问题。这样一来，我们必然更加理解对方，对于对方做出的一些行为也能够宽容和接受。生活中，每个人都有自己的角色，也有很多人同时扮演着多重角色，但是在与特定的人交往时，我们总是表现出某些特定的角色特征，所以很难跳出自身的主观角色，从而做到客观与他人相处和交流。也许有些朋友会说：为什么非要让我们设身处地为他人着想，也可以让他人为我们着想啊！当然，在说服他人的过程中，我们完全可以使用这个方法。为了更好地引导他人为我们着想，我们还可以提出一些引导性的问题，诸如“如果你是我，你会做出怎样的选择”“你觉得我应该怎么做才能让你满意呢”。这样一来，他人就会进入我们设定的思维轨迹，从而更好地理解我们，最终我们也能如愿以偿地说服他人。

丈夫每次开车的时候，妻子总是坐在副驾驶的位置上对丈夫喋喋不休。有一次，丈夫正在拐弯上桥，妻子却突然手舞足蹈地指挥丈夫要往左边靠。丈夫很不满意，因为他险些与后面的车发生剐蹭。上桥之后，丈夫对妻子提出建议：“以后我开车的时候，你能不能不要在旁边手舞足蹈，也不要说那些需要我分神去想的事情。你不开车，根本不知道开车的情况瞬息万变，我必须集中注意力才能把车开好，否则就会发生意外的情况。”妻子听到丈夫这么说，觉得很不高兴。她说：“你们男人真是一根筋，每次只能想一个问题，不像我们女人可以一边打毛衣一边看电视，还可以一边与他人聊天。所以说问题根本不在我身上，而在于你们男人的思维太奇怪。要是你能够脑子更活络一些，根本不会影响与我聊天。”对于妻子的固执，丈夫无话可说，只能等到合适的时机再劝说妻子接受他的建议。

一天，妻子下班之后正在厨房火急火燎地做饭，因为上学的孩子觉得肚子饿了，直叫嚷着要吃饭。这时候，丈夫没有像往常一样在客厅看电视，而是来到厨房，站在妻子身边不停地唠叨："小心，火太大了！""我觉得你应该再少放一点盐！""这个鱼是不是要放一点糖才能提鲜？""排骨是不是到火候了，应该关火了吧。"最开始的时候，妻子对于丈夫的话置若罔闻，然而丈夫说得多了，妻子不免觉得心烦起来。她生气地说："我知道应该怎么做饭，请你赶紧走开。"不想，丈夫遭到妻子的训斥非但没有生气，反而得意地笑着说："我想，你现在应该知道我开车的时候被你唠唠叨叨的感受了吧？我只是想让你下次在我开车的时候不要总是不停地说话，因为一旦分神，就不是切到手指头这么简单，很有可能会发生重大的交通事故。为了我们的安全起见，我觉得你应该知道怎么做。"

丈夫巧妙地实现了与妻子的角色互换，使得做饭的妻子意识到当自己专心致志地做一件事情时，有人打扰是多么糟糕的事情。这样一来，丈夫无须多言就能让妻子理解自己的感受，相信妻子也不会再对丈夫的抱怨感到生气了。与人相处其实是很简单的事情，如果我们能够主动站在对方的角度思考问题，那么一切难题都会迎刃而解。否则，当我们站在他人的对立面，指责他人，除了导致他人更加叛逆之外，也会使我们与他人的矛盾不断激化。

设身处地地为他人着想，还能够帮助我们加深与他人之间的感情，融洽与他人的交往。人都是渴望得到理解和认同的，当他人得到理解和尊重，必然会对我们变得更加宽容，也更加顺从。不仅在夫妻相处时，也包括在与其他人相处的过程中，如果我们能够设身处地为他人着想，那么相信我们与他人的相处一定会更加和谐融洽。

第8章

如果你生性敏感，不妨多学点实用的社交技巧

对于生性敏感的人而言，总是在社会交往中感到非常被动。其实，如果能掌握一定的社交技巧，生性敏感的人就能更好地与他人相处，从而在社交生活中如鱼得水。那些擅长社交的人并非天生就具有超强的社交能力，只要后天坚持多多练习，社交水平就会得到改善。

你总是很害羞吗

生活中，我们常常听到他人说“你太害羞了”。很多人都喜欢用这句话来评价那些不擅长社交的人，其实，害羞的人未必不擅长社交，有很多高度敏感者反而在社会交往中如鱼得水。每个人都担心自己在他人心目中的形象，也会很在意他人对自己的看法和评价，包括美国总统和英国女王在内，他们也同样不能免俗，他们很在乎公众对自己的看法，也想方设法帮助自己赢得更多的选票。重点在于，这种不敏感的人在担忧的状态下，常常处于过激的状态。这也使得他们在社会交往中过于紧张，使得人际关系受到损害。虽然他人常常安慰我们，不要过于在意别人的眼光，因为根本没有人会对我们品头论足，然而实际上敏感的人总是能够通过各种方式觉察到他人的观察和评价。

每个人都是群居动物，都是社会的一员，尤其是敏感的人，总是过于在乎他人的看法或他人的评判，不敏感的人却对于他人的说三道四不以为然，他们更加关注自己的内心，也因而更加专注自己的人生。敏感的人应该努力改变自己，更加关注自己的生活，而不要过于在意外界，更不能让那些无关紧要的情况对我们产生不利影响。

关于敏感和羞怯，很多人都无法准确地区分清楚，所以大多数人才会用害羞来评价别人，而不知道别人只是敏感。实际上，大多数害羞的人都比较敏感，而敏感的人却未必害羞。人们之所以害羞，是因为害怕自己不能被他人接纳，是对于生活中的某种特定情况做出的特定反应，而不属于人的性格特征。所以，哪怕一个人从小就很害羞，也不是天生的，只要经过后天的努力变得落落大方，他们完全有可能改变自己。很多高度敏感的人都不害羞，如果他们的确羞怯，那只能意味着他们曾经在某个特定的人际交往场合中受到过度刺激，因而对自己的表现缺乏自信，甚至一味否定。从此之后，他们再也不敢勇敢地面对自己和展示自己。

通常情况下，人们并不会因为一次失败放弃努力，变得羞怯。唯有总是被否定和批评，才会导致他们的自尊心受到严重伤害，也使他们再次面对同样的状况时，根本无法勇敢地做出回应。殊不知，越是内心激动不安，越是容易使事情变得更加糟糕。当我们真正变得羞怯，哪怕再怎么努力，也依然看起来自卑而又紧张，根本无法从容地表达自己。这样一来，对于一个自卑胆怯的人，别人又怎么会给予他们足够的尊重呢？当这种恶性的情况不停地循环发生，人们就会陷入恶性循环之中，甚至在完全不同的场合也表现出同样的羞怯。

在现代社会，人际关系被提升到前所未有的高度，人们越来越意识到人脉资源是最重要的资源之一。每个人都希望自己结交更多的朋友，在社会交往中受到欢迎，那么作为高度敏感者，应该注意自己容易激动的特征，从而避免自己陷入恶性循环。要记住，你并不是天生就害羞胆怯，你只是比较敏感而已。当你能够坦然面对自己的敏感，你也就能够坦然面对这一切事情的发生。

暗示自己羞怯，最终会变得羞怯

如果说人们以前很喜欢用害羞来形容女孩的羞涩，那么如今害羞则变成了一个负面的形容词。很多人一旦被贴上害羞的标签，在面对各种事情的时候都会畏缩不前，更无法勇敢地、坚定不移地坚持自我。其实害羞从本质上说不应该是负面的标签，而是与法律、体贴、敏感等词语一样属于中性词语。很多人与高度敏感者第一次见面，就对高度敏感者留下了害羞胆怯的印象。在他们的理解中，羞怯和害怕、恐惧、怯懦等一样都是带有负面色彩的词语，甚至连心理健康专家也会这样给高度敏感者贴上负面标签，而且不由自主地认为高度敏感者在各种能力和心理健康方面都略逊正常人一筹。其实，这些与羞怯毫无关系，只有真正了解羞怯的人，我们才能真正从正面的角度看待“羞怯”这个词语。不得不承认，在很多人的心目中，对于“羞怯”这个词都隐隐约约含有很多偏见。所以在很多情况下，我们都不要以羞怯自称，哪怕自己的确表现出胆小怯懦，也不要给自己贴上羞怯的标签。即使在他人为我们贴上这样的标签时，我们也应该努力地撕掉标签，说明自己并不羞怯，而是落落大方、坦然从容。要知道，你只是对于某些事情比较敏感而已，你只是比那些神经大条的人拥有更加复杂的感受和情绪而已，但是这一切都与羞怯无关。

斯坦福大学曾经有两名心理学专家针对羞怯进行了一项非常有趣的心理学实验，实验的结果告诉我们，我们并非羞怯的人，只是一个容易处于过激状态的高度敏感者而已。在实验过程中，他们把几位自称羞怯的女性分成一个组，而把另一些自以为落落大方、绝不害羞的女性作为对照组。然后他们让这些女性分别与同一位男性单独相处。当害羞的女性与男性单独相处时，他们在现场加入噪声的干扰，从而使害羞的女性以为噪声才是使她们出现过激状态的根本原因。由于这位男性被要求面对所有的女性时都以相同的方式进行交谈，所以这位男性在与不同的女性交谈时，始终保持完全相同的交谈模式。羞怯的女性因为把自身的过激状态归咎于噪声，所以她们对于自己的心脏怦怦乱跳不以为然，而是继续与男性进行交谈。最终的事实证明，自称羞怯的女性与男性交往良好，交谈非常顺利。而那些自称落落大方的女性在与男性交谈时，心理专家并没有在现场加入噪声干扰，所以她们理所当然地以为自己的过激状态产生，是因为男性导致的，因此，她们在交谈中反而表现得很内敛，把交谈的主动权交给男性，而她们则处于被动的地位，在男性的引导下进行交谈。实验结果证实，和那些自称落落大方的女性相比，这些自称羞怯的女性在交谈中的表现并不逊色，她们甚至掌握了交谈的主动权，因而能够引导谈话的主题和节奏。

实验结束后，心理专家让男性猜测哪些女性属于羞怯型的，男性无从做出判断。而在询问女性下次是否愿意独处时，羞怯的女性之中只有14%愿意独处，而对照组中有25%的女性愿意独处。

从实验的结果不难看出，那些羞怯的女生如果认定自己的过激状态并非是因为社交原因导致的，那么她们在社交中的羞怯就会明显减弱，她们也会在社交中表现得更加积极主动，占据主导地位。相反，对照组的女性认定是因为与男性独处才引起自己进入过激状态，所以她们之中更多的女性愿意独处，而不想与男性交流。

在人际交往的过程中，你们感到羞怯的时候一定觉得自己心跳加速、呼吸急促，每当这时，不如想一想引起你们过激状态的原因是什么，从而避免过多地把原因归咎于你的交流对象。当你们有意识地把引发自身过激状态的原因归咎于其他，那么你就不会变得羞怯。反之，如果你觉得自己之所以羞怯，就是因为对面坐着的那位异性，那么你羞怯的症状就会更加严重。因此，不要给自己贴上羞怯的标签，而要意识到自己只是因为比较敏感，对外界的一切感知细腻而已。唯有把羞怯从自己的字典里删除掉，从此以后不要再让自己与羞怯有任何关系，哪怕你面对异性的时候真的感到心跳加速，也要告诉自己这只是因为周围环境的渲染导致的，而完全不是因为你对异性的过度敏感和恐惧。这样，你羞怯的症状就会减弱，你的心理也会变得更加从容。

羞怯不是一个准确的词语，无法准确描述出人们的心理状态，而且羞怯带有负面的意义。常言道，三人成虎，一件事情如果说的人多了，那么大家就都以为是真的。对于自己，我们也要避免这样的误导，从而不让羞怯无中生有。当然羞怯不仅是不公平的评价，而且还非常危险。高度敏感者一旦被贴上这个标签，就会失去信心，甚至无法与他人正常地交往。所以，不管你是真的羞怯还是只是过度敏感，抑或你只是比较害羞，害怕得到他人不好的评价，你都不要再把羞怯作为标签贴在自己的身上，更不要让它伴随自己的一生。

如何处理社交场合的过激状态

在社交场合，人们因为各种各样的原因难免会处于过激状态。实际上，过激状态并不像我们想的那么可怕，因为过激状态的出现也是有原因的。我们需要意识到过激状态并非是因为恐惧而生，也可能是因为其他原因导致的。尤其是你作为高度敏感者，就很容易对他人无心说出来的话产生激烈的反应。在这种情况下，你要想方设法降低自己的过激程度，控制自己的情绪，让自己恢复平静和理智。此外，当我们真的无法控制自己的内心时，也可以给自己制造一个人格面具。这样在面对他人时，如果一旦出现意外的突发情况，我们就可以戴上这个人格面具，从而更好地与他人相处。有的时候，为了让他人理解我们的过激状态，还应该事先告诉他人我们的敏感特质。诸如很多情侣从相知相爱，到走入婚姻的殿堂，真正在一个屋檐下生活，为了减少生活中的摩擦和不愉快，就应该把自己的性格特征和情绪特点告诉爱人，从而帮助爱人预先做好心理准备，也不至于因为我们的过激状态感到万分惊讶和难以接受。

很多高度敏感者也许会说，我的过激状态由我自己负责，不会对他人造成负面的影响。实际上这是很难做到的，因为每个人都是社会的一员，都是群居动物，都无法离开人群过完全自给自足的生活。那么一个人的情绪难免会对周围的人产生或大或小的影响，尤其是过激状态爆发的冲击力也是难以想象的。特别是在社交场合中，假如我们不小心表现出自己的过激状态，那么他人就会对过激状态的我们做出不恰当的评价，而不知道当时正处于过激状态的我们只是暂时有些歇斯底里、惊慌失措。这样一来，他人未免会对我们形成不好的印象。如果我们能够很好地控制自己，或者告诉他人自己正处于过激状态，那么他人也许会给我们更多的机会展示冷静状态时的自己，这样他们才会认识真实的我们，甚至会喜欢上我们。常言道，萝卜白菜，各有所爱，每个人都会得到自己真心相待的朋友，就连大恶人也有好朋友，所以在与朋友相处时，我们一定要珍惜友谊，也要把该说的话说在前面，从而让朋友更好地接纳我们。

通常情况下，社交场合中大概有20%的人属于高度敏感者，还有30%的人属于轻微敏感者。心理学家针对大众进行问卷调查后发现，在接受问卷调查的人中有40%的人认为自己是比较羞怯的。所以高度敏感者完全无须感到自卑，因为在你置身于人群中时，或者你正待在一个房间里，那么至少有一个人与你一样是高度敏感者，或者至少有一个人和你一样正在因为社会交往中的各种问题而苦恼不已。当你的眼神在人群中与他们相遇，你们就会一见如故，彼此都能理解对方的感受，你们自然也就多了一个朋友。

为了避免自己在过激状态下做出冲动的、无法挽回的举动，当感到自己即将处于过激状态时，我们可以采取预先的措施来缓解过激症状。例如，在与他人争论时，我们可以在情绪即将失控之前选择暂停，诸如停止讨论、停止争论，然后走出房间或者走到远离他人的地方散个步，进行深呼吸，让自己看一看自然界里的花花草草，感受阳光的温暖和轻拂。当渐渐恢复冷静，我们还可以反思自己，认识到自己的所思所想以及所选择的是否正确。尤其是当现场的情况让我们崩溃时，我们更应该马上离开现场，去另外一个地方，最好去能够让自己恢复安静和理智的地方。此外，我们还可以自我安慰，告诉自己“一切都会过去，只要保持冷静理智，那么所有的问题都能圆满解决”。在如此积极的心理暗示下，我们才能更好地控制自己的情绪，从而帮助自己获得更大的进步。

很多高度敏感者都习惯于使用人格面具来面对他人，所以在人多的场合，很多朋友都觉得只是以自己的面具接触别人的面具而已，根本无法触及别人的内心。要知道，出现这种情况的原因是因为社会文化目前并不能理解和包容高度敏感者，而我们唯一要做的就是努力表现得和大家一样，从而不使自己显得另类，也能让自己的生活更加从容和淡定。在有必要的时候，我们可以戴上人格面具去面对众人，等到独处或者是在了解与尊重自己的朋友面前，我们则可以做回真实的自己。

很多时候，我们不得不向别人解释自己的过激状态，尤其是在与陌生人相处时，因为，陌生人对我们完全不了解，所以一旦我们出现过激状态，他们必然难以接受。在这种情况下，我们不如提前做好准备工作，告诉陌生人我们也许会出现过激状态，但是很快就能够恢复正常。这样一来，陌生人对我们的表现就会有所准备，也就不至于受到惊吓而惊慌失措或者觉得难以接受。在很多场合，当我们告诉他人我们也许会出现过激状态之后，他人也许会采取各种措施，帮助我们缓解紧张的情绪。例如，可以让灯光变得更昏暗一些，让音响的声音变得更小一些。需要注意的是，在对自己进行自我介绍时，我们应该组织好语言，因为一旦我们表达不恰当，他人就会误以为我们是焦灼不安、被动怯懦的人。我们对自己的介绍应该更加客观公正，尽量使自己成为他人眼中能量巨大、神秘莫测的人。作为一个高度敏感者，要想更好地向他人介绍自己，很有必要进行字斟酌句，从而把语言组织得恰到好处，让他人对我们形成正确的看法和评价。

人是群居动物，也有社会属性，这就注定了很多高度敏感者不得不整天和他人相处，或者在更长的时间里与他人相伴。那么当心情感到焦虑不安时，不如坦然告诉大家我们需要一定的独处时间，或者独自外出散步。这样你不但不会被大家同情，反而会吸引大家，使大家对你充满好奇，觉得你是与众不同的。

内向和外向都可以敏感

敏感的特征并不区分内向和外向的性格，也就是说，不管是内向性格的人还是外向性格的人，都可能具有高度敏感的特征，成为高度敏感者。在社会交往中，很多高度敏感者会主动避开那些容易给自己带来刺激的人或者事情，如他们不会轻易和陌生人相处，也不会参加大型的聚会，更不会让自己置身于拥挤的人群之中感到无处遁逃。毫无疑问，这是个卓有成效的办法，尤其是在熙熙攘攘的世界，每个人每天都要面对千变万化的情况，因而高度敏感者更需要做出符合自己需要的选择，高度敏感者尤其要对自己的情况做出特殊考虑，以防自己陷入歇斯底里之中，不但使自己陷入尴尬，也给他人带来麻烦。

当然，人是群居动物，也具有社会属性。一旦避开某种场合，就无法真正融入这种场合，更无法在这种场合里与他人更好地相处和交流，所谓的游刃有余也就成为一句空话。然而大多数高度敏感者，即便面对自己不适应的场合，也依然能够努力地敷衍过去。在经过长期的学习和艰苦的锻炼之后，他们最终会融入团体，也被团体所接受。这样一来，他们将会从人际关系的干扰中逃脱出来，也可以把更多的时间和精力用于做自己喜欢的事情。

多数高度敏感者之所以选择逃避，不与陌生人聚会或者从不置身于拥挤的人群，并非出于他们的主观意愿，而是因为他们曾经被同伴和群体排挤过。究其原因，是因为他们的思想和观点与他人的思想观点不相融合，当他们表现出自己的与众不同时，就会遭到他人的否定和批评，甚至是排斥和抗拒。这种严厉的批评和否定使高度敏感者信心全无，变得更加自卑，因而他们会对人群产生畏惧心理，根本不愿意再面对人群中的每一个人。听上去，这件事情使人感到遗憾，然而高度敏感者的这种态度完全是理所当然的。所以作为高度敏感者，可以坦然面对自己的内心，表现出自己真实的态度，而无须因此感到愧疚。

心理学家统计的相关数据告诉我们，至少70%的高度敏感者都表现出内向的特征。高度敏感者并非不愿与他人相处，更不是想要完全把自己封闭起来，而是只愿意和自己心有灵犀的少数几个朋友相处。他们不愿意参加大型的聚会，尤其是当置身于拥挤的人流中时，他们反而更感到孤独和寂寞。但是，哪怕是性格非常内向的人，有的时候也会表现得外向，而且积极热情。在需要的情况下，高度敏感者也可以和很多人友好相处，并且与陌生人相谈甚欢。同样的道理，哪怕是性格外向的人，有时候也会表现出内向的特质，他们原本侃侃而谈、滔滔不绝，却突然之间沉默下来，宁愿一个人坐在角落里品一杯红酒，也不想与他人再多说一个字。

需要注意的是，高度敏感和社交内向是完全不同的。曾经有心理学家经过研究显示，至少30%的高度敏感者在人际交往中表现出外向的特征。他们有很多的朋友，身边总是簇拥着很多人，在与陌生人相处的时候，他们也能做到从容自若。他们很有可能在温馨友爱的家庭中长大，与邻居之间也关系亲密。在这样的高度敏感者心中，安全感来自他人，来自人群，而并非只有远离那些需要防备的对象才能求得安全感。但是哪怕在人际交往中如鱼得水、游刃有余，高度敏感者仍然会发现自己很难面对一些外界的刺激。例如，当他们太长时间待在繁华的大都市或者太长的时间一直在加班加点地工作，那么他们就会处于过激状态，心情烦躁不安，对社交活动也心怀排斥和抗拒。不管是内向的人还是外向的人，也不管是高度敏感者还是神经大条的人，对于这个世界都是不可或缺的，世界之所以变得如此充满魅力，就是因为这些人的同时存在。

如何摆脱社交窘境

在社会交往中，人们最怕出现的情况就是遭遇冷场。因为谈笑风生的时候，时间总是过得很快，彼此间的生疏和隔阂也会尽快消除。但是一旦出现冷场，人与人之间就会变得非常尴尬，谁也不愿意率先打破沉默。尤其是在人多的场合，冷场就显得更加难看和尴尬。所以在必须与他人闲聊时，我们首先应该对自己进行定位，确定自己是想成为一个优秀的倾听者，还是想成为谈话的主导者，以便更多地表达自己。这样一来，我们在交流过程中就会有自己的角色和定位，从而更加得心应手地扮演好自己的角色。

尤其是在与陌生人相处的时候，打破沉默是最艰难的事情。这就像写一篇文章，如果不是自己所熟悉的内容，那么我们往往感到无从下笔。举例而言，有人给了我们一个西瓜，但是这个西瓜硕大无比，而且没有任何地方有缺口，我们如果不能用工具把它打开，只能用嘴去把它咬开，那么我们一定会有无从下嘴的感觉。与人交流也是如此，尤其是面对一无所知的陌生人，我们根本不知道对方的脾气秉性，也不知道对方的兴趣爱好，那么到底要先说哪一句才能打开对方的心扉，让交流顺利进行下去呢？这无疑是一个难题。众所周知，英国是一个潮湿多雾的国家，所以英国人见面的第一句话往往问天气如何，而中国历来民以食为天，所以传统的中国人见面之后都会问对方“吃了吗”，也因为有人不分时间场合地问这句话，而导致闹出了很多笑话。然而现在社会资讯如此发达，各种信息传播的速度非常快，哪怕我们足不出户也能知道地球的另一端发生的事情，所以人与人之间交谈的话题也就更加丰富。在与陌生人交流时，如果我们此前对其有简单的了解，那么就可以投其所好，谈论一些陌生人有可能感兴趣的话题。如果对陌生人一无所知，那么我们也可以选择一些放之四海而皆准的话题，诸如某位明星的娱乐新闻、国际新闻上的那些大事等，都可以成为我们的谈资。

在谈话刚开始时，一定要奠定良好的谈话基调。一旦奠定谈话基调，后来的整场谈话就都会围绕这个基调进行，所以搭讪的话虽然顺手拈来，但是也要注意进行选择。没有人愿意面对社交困境，为了让社交困境更少地出现在生活中，我们其实有很多技巧可以使用。首先，我们应该记住他人的名字。记住他人的名字能够表现出对他人的尊重，由于高度敏感者在与陌生人初次见面的时候处于过激状态，注意力无法集中，那么只要做好一件事即可，就是记住他人的名字。在接下来的谈话中，当我们时不时地以名字称呼他人，只会让他人感到非常亲切，也觉得自己被尊重，从而对我们留下好印象。当然，如此一来交往也会更加顺利地进行下去。

很多职场新人在初入职场时都不知道如何与老同事搭讪，所以只能如同大海中的孤岛一样孤零零地待在自己的办公桌前，默默无闻地守着电脑，简直坐如针毡。其实与老同事搭讪是很简单的一件事情，人都有好为人师的本性，如果我们能够针对自己解决不了的问题多多请教老同事，甚至请求老同事帮忙，那么相信只要我们言辞得体、神情恳切，老同事一定会乐于帮忙的。这样一来，我们不但得到了帮助，而且也与老同事拉近了关系，如果能够顺便再请老同事吃个饭，感谢老同事，那么你马上就会与老同事变得亲近和熟悉起来。

现代社会，作为一名推销员，要想把自己代理的商品推销出去，首先要把自己推销出去。换言之，哪怕我们不是从事销售行业，那么在面试的过程中，我们也要把自己推销给面试官，这样才能如愿以偿地得到理想的工作。推销自己，是现代社会人人都要面临的问题。举例而言，男孩追求女孩，想要得到女孩的喜爱，首先必须推销自己，让自己得到女孩的认可，从而打动女孩的心。唯有如此，爱情才会水到渠成。推销自己，不但意味着工作上更加顺利，而且能够帮助我们创造更好的工作业绩。

对于职场新人而言，如何才能推销自己，让自己尽快融入团队之中呢？其实对高度敏感者而言，要想加入某个团队似乎是困难的事情，因为他们总是过于敏感，对于团队中众多的人和事情无法全盘接受。在这种情况下，不如让自己变得神经大条一些，从而顺利地融入团队，让自己不再孤独。在团队中遇到与他人意见相左的情况，我们也可以暂时保留意见，更多地倾听他人的倾诉。这样一来，我们就不会贸然充当评审官的角色，避免导致他人对我们心生厌烦。很多擅长演讲的朋友都知道，如果想吸引听众的注意力，提高声音并不是最好的选择。真正经验丰富的演讲者想吸引听众的注意力时，会突然放低声音，这样一来听众反而都竖起耳朵凝神倾听，他的目的也就达到了。在人际交往中同样如此，尤其是在人多的场合，那些大声喧哗、左右逢源的人未必能够得到众人的瞩目，反而沉默寡言的人会得到他人的更多关注。人们对于未知的东西总是充满好奇，作为高度敏感者，我们何不以沉默让自己充满魅力呢！

需要注意的是，在保持沉默的时候，很容易让团队的其他成员对你产生误会，觉得你是否不想加入团队或者对团队三心二意。为了避免误解的产生，你当然有必要先表明自己的立场，告诉他人你只是性格内敛，不愿意过多说话而已，但是你对团队非常忠诚，根本不想离开，这样一来团队的其他成员才会非常信任你，也对你产生好感。

大多数人都误认为高度敏感者不愿意在人前抛头露面，实际上这恰恰是错误的。很多高度敏感者天生擅长当众发言，更愿意在万众瞩目之下发表慷慨陈词的演讲。尤其是在演讲的过程中，他们往往能够说出众人不曾注意的细节，从而激起听众的激情和热情。当然，从一个不善言辞的人到一个伟大的演讲家，并非是简单且容易的事情。例如英国的前任首相丘吉尔就曾经在第一次演讲的时候半途而废，但是他最终成为举世闻名的演讲家。这期间，他付出的艰辛可想而知。作为高度敏感者，要想在演讲时一鸣惊人，那么一定要在演讲之前做好充分的准备，或者给自己列一个大纲进行简单的提示。毕竟初次在很多人面前发表演讲时，高度敏感者必然处于应激状态，所以很容易脑子一片空白。其实不仅高度敏感者会出现这样的情况，很多见多识广、经历过大舞台的歌星也同样会出现临时忘词的情况。很多歌星在进行演唱会的时候都会把歌词写在手掌心，这样一旦忘掉歌词时可以偷偷地看一眼。为了尽快减轻心中的紧张，高度敏感者还可以在正式发表演讲之前找一些听众进行预言，这样等到应激状态渐渐减弱，在真正的演讲场合也就不那么紧张了，发生失误的概率自然大大降低。

人之所以感到紧张，就是因为觉得有人在注视自己，生怕自己一不小心犯了错误贻笑大方。难道他人真的在注视我们吗？哪怕台下坐着黑压压的人，他们也未必都在盯着我们看。想要成为舞台聚光灯下的焦点，并非那么容易的事情，也许我们今天在畏惧成为他人瞩目的焦点，等到明天的时候却又想方设法要成为他人关注的焦点。我们必须付出极大的努力，才能实现这样的转变。

第9章

有些人天生敏感，要学会自我调节和放松

很多人天生敏感，神经有着敏感的末梢，因而对于任何事情都很敏感。其实过于敏感的人总是太过谨小慎微，也或者对于外界的抵抗力太弱。这种情况下，敏感的人就要学会自我调节和放松，才能让自己的神经变得大条一些，也不至于因为过度敏感，让自己远离幸福和快乐。

欣赏自己独特的美丽与魅力

很久以前，在一个偏僻的村庄，甲和乙是一对邻居。甲是一个嫉妒心很强的人，他对于乙的身体强壮、家境优渥总是心怀嫉妒。甲家境贫困，身体还总是病恹恹的，非常虚弱，这使他郁郁寡欢。

乙虽然生活得好，但是他并不张狂。反而，他虽然有些家底，但是很勤劳，每天天不亮就起床下地干活。再加上父亲去世时给他留下了一笔家产，所以他的生活越过越好。甲却不这么想，他总觉得命运不公，所以才会让乙处处都占据优势，而他自己则一贫如洗，不管什么都不如乙。甲每天都在祈祷，让自己有朝一日能够超过乙。然后，同龄的甲、乙一前一后结婚之后，甲的媳妇很快就怀孕了，而乙的媳妇肚皮却没什么动静。为此，甲沾沾自喜，觉得自己总算抢先了。不想，怀胎十月之后，甲的媳妇生了一个闺女，乙的媳妇后来也怀孕了，比甲的媳妇晚几个月生，生了个儿子。甲愤愤不平，不知道为何自己生闺女，乙却生儿子。其实生男生女完全是命运的安排，也是人力不可控制的，但是甲就是想不开，始终闷闷不乐。他的心每天都被嫉妒之火焚烧，终有一天忍不住了，趁着夜色去买了一个花圈，放到乙家的门口。

甲原本是想让乙晦气的，不想第二天刚刚起床，就听到乙在门口喊道："这是哪位邻居啊，感谢您啊，听到我母亲去世的消息，连夜就送来花圈。"原来，乙的母亲头一天夜里突然去世了，甲懊悔不已，否则他才不给乙家送花圈呢！

世界上很多事情都不存在绝对的公平，为了让自己的内心获得平衡，我们只能努力调整心态，从而把一切事情都看淡，让自己也心怀远志，不被那些小事所烦扰。尤其是女人，更要心胸开阔，不要那么小心眼儿，对所有事情都斤斤计较。要知道，嫉妒在任何时候都不能真正解决问题，与其花费时间去嫉妒他人，不如把时间和精力都用来提升和完善自我上。

嫉妒是人的正常情绪。很多人都会嫉妒他人，只要不超过一定的限度，就不会对生活造成严重的伤害。然而，凡事皆有度，一旦嫉妒超过限度，就会呈现出病态。曾经电视上播放过一则新闻报道，一个人因为嫉妒邻居家的孩子比自己的孩子更活泼，更健康可爱，居然残忍地杀害了邻居的孩子，将其埋在自家的花园里。结果可想而知，天网恢恢，疏而不漏，这个杀人凶手被判死刑，但邻居家失去的孩子再也回不来了。不得不说，这真是一个莫大的悲剧。很多嫉妒心强的人看起来争强好胜，实际上他们并不是真的想要提升和完善自己，而只是想在名义上超过他人。所以，嫉妒更是一种心理上的病态表现，我们与其破坏和诋毁他人，不如虚心向他人学习。寸有所长，尺有所短，我们要客观公正地评价自己，发现自己的特长，从而才能虚心向他人求教，学习他人的长处，以弥补自己的短处。在这个世界上，每颗星星都有自己的光芒，我们又何必总是羡慕他人的璀璨呢？

看淡生活的苦难，人生才会轻松

现实生活中，很多女人都满怀抱怨，她们觉得自己没有得到命运公正的对待，或者年幼时家境贫困，或者在成长的过程中遭受坎坷挫折，或者工作不顺利，或者婚姻生活面临破裂。总而言之，她们对生活从不感到满意。不可否认，现代社会生活压力越来越大，每个人面对人生也不是轻松的。大多数人面临生活中各种各样的压力，苦不堪言，怨声载道。其实，抱怨根本毫无意义，因为没有人生是一帆风顺的。大多数人在人生之中必然要经历各种磨难，而女人之所以对于人生尤其不满，就是因为她们太过敏感，把所有事情都看得太重，让全部的事情都重重地压在心上，导致自己甚至喘不过气来。假如女人能够调整好心态，以豁达宽容的心面对现实，那么她们的烦恼立马会减少90%以上，而且她们的人生也会由苦涩变得甜蜜和幸福。

生活就是一颗话梅糖，刚开始吃的时候是酸酸的，等到吃完糖果的表层以后，就能吃到里面的甜味。没有人从一生下来就能尝尽生活的甘甜，而彻底与生活的苦难绝缘，大多数人都要先苦后甜，尤其是那些贫苦人家的孩子更是需要在饱尝生活的磨砺之后，靠着自己的不懈努力，最终才能得到人生的馈赠。对于生活，每个人都有不同的理解和感悟，有人说生活就像泡在蜜罐里，有人说生活就像泡在苦水里，有人说生活一马平川，有人说生活必须勇攀高峰，还有人说生活是幸福甜蜜的，也有人说生活是痛苦难熬的。总而言之，对于生活的不同感受，使人对生活有不同的态度。这也从侧面告诉我们，唯有端正态度对待生活，我们才能更好地面对和接纳生活。

从本质上而言，生活就是酸甜苦辣咸、百味俱全。我们如何描绘生活，取决于对待生活的态度。生活就像一面镜子，当我们对着它微笑，它也对着我们微笑；我们对着它哭泣，它也会回报给我们哭泣，所以与其抱怨生活的不公平，我们不如调整好自己的心态，积极乐观地面对一切。生活里总有一些女人哪怕饱尝人生艰辛，也依然对生活满怀热情。这样的女人当然是积极乐观向上的，生活不管有多少坎坷和苦难，都无法使她们绝望。相反，有些女人哪怕生活优渥、衣食无忧，也总是怨声载道，绝不满足，最终她们会掉入欲望的深渊，也会被生活的黑洞所吞噬。

明明和老公刘威是大学同学。早在大二那时，他们就开始恋爱，成为班级同学的羡慕对象。大学毕业后，明明毫不犹豫地和刘威结婚，丝毫不嫌弃刘威一无所有。为了养育孩子、照顾家庭，明明从毕业之后就没有工作，而是一直留在家里。刘威则负责在外面四处奔波，挣钱养家。看起来，他们男主外、女主内的家庭生活非常和谐幸福，然而在孩子3岁的时候，明明突然遭遇了刘威的婚外恋，简直觉得天都塌了。

很多人都劝明明为了孩子忍气吞声，然而明明是一个有精神洁癖的人，她无法忍受老公与其他的女人交往。最终，明明不顾家人的劝阻，带着孩子离开曾经的家，艰难地开始了新生活。明明也曾悲痛欲绝，她不知道要如何面对未来的生活，毕竟她从大学毕业以后从未工作过，已经明显与社会脱节，也不适应现代社会。幸好她还有家人，还有兄弟姐妹。在所有亲人的支持和鼓励下，明明决定振作起来。一开始找不到合适的工作，明明就去超市里当理货员。她每天早晨既要送孩子去幼儿园，又要赶去上班，晚上回家还要接孩子，给孩子洗衣做饭。生活如此充实而又忙碌，短短几个月的时间里，明明就从娇生惯养的全职太太变成了家里的全能手。

虽然很累很辛苦，但是明明的内心却觉得踏实，因为她终于能够养活自己，再也不用每个月伸手向刘威要钱。在经济条件得到一定改善之后，明明决定改变自己。她彻底忘记了刘威，因为她知道自己的人生没有回头路，只能向前，而不能向后。更何况刘威已经与那个第三者结了婚，再也无暇顾及明明和孩子了。

有一天，朋友来看望明明，发现明明的茶几上摆着一束美丽的鲜花。这是一束黄色的雏菊，颜色是明晃晃的黄，看起来就像阳光的颜色。朋友心里暗暗高兴，嘴上忍不住对明明说："亲爱的，你终于重新找回了生活的情趣，是不是一个人面对这样的生活，也能渐渐变得欢喜起来？"明明当然知道好朋友的意思，她笑着说："是的，从此以后，我的生活里每天都要有金黄的雏菊，这是我最喜欢的花，是阳光的颜色。"

对于一个从未做过任何工作的全职太太而言，当把所有的心思和精力都用在家庭，全心全意地照顾孩子和丈夫时，突然遭遇丈夫出轨，可想而知这是多么沉重且让人难以承受的打击。之前热播的《我的前半生》中，罗子君就是这样的一个角色。她的丈夫陈俊生负责在外挣钱养家，罗子君在陈俊生一无所有的时候，不顾妈妈的反对和他在一起，从此过着相夫教子的幸福生活。随着陈俊生的事业有了起色，罗子君的生活也越来越优渥。然而陈俊生有了一定的成就之后，却对罗子君百般不满，最终爱上了一个各方面都不如罗子君的女人。得知消息，罗子君不由得心痛欲绝。她也曾迷茫过，甚至无法迈出找工作的第一步，最终在好朋友的帮助下，她才能走出人生的困境，成了一位坚强、独立的职业女性。实际上，生活中的很多苦都是因为我们把它看得太重，如果我们能够把这些苦吞咽下去，消化掉，那么这些苦也就不复存在了。

对于每个人而言，生命都只有一次机会，任何时候，我们都不要因为斤斤计较而失去对生活的体验和感悟。哪怕是生活中失去了最重要的依托，我们也要继续努力前行，独自撑起人生的天空。尤其作为女人，更要享受人生，要学会运用弹性思维面对人生的困境。其实人生之中更多的时候是迂回曲折，尽管两点之间直线最短，但是一切的经历都告诉我们：人生之中迂回曲折的线路更容易达到目的。所以，聪明女人总是以微笑面对生活，得意的时候绝不张狂，失意的时候也不绝望，唯有在黎明前的黑暗中看到光的乍现，女人才能更加勇敢无畏地奋勇向前。

漫漫人生，不要行色匆匆

时代不同了，女性再也不用整天留在家里围着锅台转、相夫教子，而是可以像男人一样走入社会，在工作中实现自身的价值。对于女人来说，这无疑是历史的一大进步，但是对于婚姻和家庭来说，却面临着更大的挑战。按照传统的习俗，男主外、女主内，即男人负责在外面打拼，女人负责在家里照顾家庭。虽然如此的安排对于女人并不公平，但也能保持家庭和婚姻的平衡。而现代社会中，女人也同样在外面打拼，家庭就处于无人照管的状态，所以女人和男人必须同时肩负起照顾家庭的重任，做好安排，才能把事情都处理得井井有条。现代职场上，女强人绝不罕见，甚至在某些领域，女人的表现比男人更加优秀。以前有些单位在招聘员工的时候总觉得女性不能出差，所以会排斥女性，但是如今有很多女性不但出差，还走出了国门，去国外考察。让很多用人单位惊讶的是，大多数女性在工作上甚至比男人更加精明强干，也更有韧性。在完成工作任务的过程中，她们表现得毫不逊色。看着女人们风雨无阻地执着前行，真是让人为之动容。然而对于女人的现状，也有些人感到不理解，曾经有学者说“让女人变得忙碌，是整个时代的悲哀”。不得不说，学者这么说，完全是因为如今的女人打破了封建时代以来的家庭和婚姻平衡。然而在这个世界上，万事万物都处于微妙的平衡之中，如果女人能够平衡好工作与家庭的关系，把自己的时间和精力进行合理的分配，那么女人也可以把一切做得风生水起、水到渠成。

大学毕业后，梅婷没有和其他同学一样四处找工作，而是接手了父亲的家族企业，开始管理家族的玩具厂。对于梅婷的命运，很多同学都表示羡慕，因为他们四处找工作，不但会碰壁，而且哪怕幸运地找到工作，也因为初来乍到，在公司里难免遭到同事的排挤。有的时候，因为缺乏工作经验，导致工作上出现失误，他们还会被上司批评。看到梅婷年纪轻轻就成为公司的董事长，他们全都对梅婷一步登天而羡慕不已。

10年过去了，班级里的大多数女同学都已经结婚成家，有的孩子都会打酱油了，梅婷却依然孑然一身。原来梅婷这10年来一直忙于处理工厂的各种繁杂事务，根本无暇顾及爱情。偶尔，她也会喜欢上某个男人，但是男人却因为她工作太忙碌，更因为她是典型的女强人，而对她心生畏惧。毕竟传统的观念对人的影响还是很深的，大多数男人都觉得应该在家庭的经济地位上处于更重要的位置，否则就会有些不够硬气。有段时间，梅婷招聘来两位优秀的男性当公司副总。这两位男性都是毕业于名牌大学的研究生。梅婷喜欢上其中叫马云的男孩，但是马云却委婉地拒绝了梅婷的追求。原来马云想得更多，认为他与梅婷每天工作都很忙，经常要天南海北地出差，一旦结为夫妻，那么整个家庭就会处于无人照管的状态。马云自己已经如此忙碌了，所以他想找一个小鸟依人的女孩儿留在家里照顾家庭，这样也可以平衡婚姻的关系。梅婷当然不能为了马云而改变自己，也不能放手家族企业，如此一晃又是10年过去，梅婷已经是40多岁的女人，眼看着人生青春不再，婚姻却依然毫无着落。家人全都心急如焚，尤其是梅婷的妈妈，更是四处托关系给梅婷介绍对象。但是梅婷忙得连平时和家人通电话的时间都没有，又怎么可能有时间谈恋爱呢？最终母亲觉得不能继续这样下去，因而花重金聘请来一位能干的CEO，从此之后把家族企业交给CEO打理。终于，梅婷可以把更多的时间和精力用于处理个人问题了，但是她已经徐娘半老，青春不再。

现代社会，大龄剩男剩女很多，尤其是对于女人而言，一旦过了黄金的恋爱和结婚的年纪，过了合适的生子年纪，那么再想找到如意的人生伴侣就很困难了。大多数女强人每天天南海北地飞来飞去，几乎一天24小时地盯着电脑和手机，不是在开会，就是在出差，不得不说这样的女人的确令想要踏踏实实过日子的男人心生畏惧。人生总是这样，难以两全其美，就像人们所说的甘蔗不能两头甜。在婚姻生活中，女人相对处于弱势，在职场生涯中，女人依然相对处于弱势，这就注定女人对于婚姻要付出更多。对于女人而言，合适的婚育年龄只有短短的20年左右，一旦错过这20年，女人的婚姻之路就注定要更加艰难。

其实，女人未必要当女强人。当然如果女人的理想就是成为女强人，则另当别论。对于大多数女人而言，只要经济独立、人格独立，同时兼顾好事业和家庭就是最好的。人们常常以“出得厅堂，入得厨房”来形容女人。虽然这句话说起来有些粗糙，却蕴含着深刻的道理。不得不说女强人的人生也不是完美的，虽然她们获得了事业上的成功，得到了万众瞩目，但是作为一个女人而言，她们的人生却不够圆满。其实人对于金钱和事业的追求都是无止境的，作为女人更应该把时间分配好，要记住工作的目的是生活，生活的全部却不仅仅在于工作。就像大自然也要保持微妙的平衡一样，女人更要使自己的人生保持平衡，才能让一切变得更加和谐。

朋友们，请不要让忙碌带走你对生活的从容。从古至今，不管是男人还是女人，对于生活的最高追求就是从容。所谓从容，既是秩序井然，也是主次分明，更是不疾不徐。聪明的女人才最优雅，美丽从容的女人也才能享受完美的人生。人生既漫长，也如同白驹过隙，转瞬即逝。从现在开始，就让我们把握人生的每一分、每一秒，不再行色匆匆，而是平静淡然地面对生活吧！

悦纳自己，才能获得幸福

大多数生性敏感的女人都无法接纳自己，她们或者觉得自己长得不够漂亮，皮肤不够白皙，身材不够高挑，或者觉得自己出生于贫困的家庭，生活拮据，根本就不能有更多的机会展示自己的美丽。殊不知，什么样的人生都有不够完美的地方，与其羡慕他人出生时就含着金汤勺，不如看到自己和家人亲密地守在一起享受温情；与其抱怨命运不公平，不如更加努力地提升和完善自己，让自己在起点上快速地飞跑。

敏感的女人还心怀怨恨，觉得自己一生之中总是诸事不顺。找男朋友的时候，她们找不到英俊帅气又潇洒的男朋友；找结婚对象的时候，她们找不到踏实肯干、愿意照顾家庭的对象；找工作的时候，工作也不如意；买房子的时候，总是买不到自己想要的大房子。殊不知，一个女人就算天生丽质，也不可能在生活中面面俱到，拥有一切。所以女性朋友要学会客观认知自己，认识到自己就算不美丽，也有良好的气质，就算身材不够高挑，却可以做到小鸟依人，就算没有生在有权有势的人家，也可以与家人相依为命。

曾经有位名人说，这个世界并不缺少美，而是缺少发现美的眼睛。对于女人而言，生活同样不乏美好，只是她们缺少发现和感悟美好生活的心。如果女人能够把敏感用在发现生活的美好上，那么她们一定会更加幸福快乐，而减少很多烦恼。

命运总是反复无常，也不绝对公平。每个人在人生中都可能遭遇各种各样的事情，也有可能被各种不期而至的灾难打击到。然而现实一旦发生就无法改变，成为既定的历史，唯有面对命运赐予的一切，不再抱怨，才能抓住今天，才能更好地面对人生。大多数女人之所以感到苦恼，对生活满怀抱怨，就是因为她们不能做到接纳自己、悦纳自己。其实现实是无法改变的，命运更不可能因为我们的喜好为我们安排好些。我们唯有坦然接受命运的安排和馈赠，心平气和不抱怨，才能拥有美好的人生。

很多人都曾读过《假如给我三天光明》。这本书的作者海伦是一个非常积极乐观的女孩。尽管生命给予她沉重的打击，她却从来不曾放弃。在一岁半的时候，海伦因为患了猩红热，导致失去了听觉、视觉，也失去了说话的能力。幸运的是，海伦有一对明智的父母，随着海伦越长越大，心情变得越发暴躁，他们为海伦找来了家庭老师。从此之后，家庭老师就伴随海伦一生。老师不但教海伦学习读书写字，也打开了海伦心灵上的眼睛，使海伦认识到这个世界的美丽，也给了海伦坚定不移走好人生之路的勇气。

海伦不但像大多数孩子一样学习，而且最终学会了说话，还顺利读完了大学的课程。在这里，不得不说老师给予了海伦极大的帮助，所以才能让她的人生不那么悲惨。当然，海伦自身的坚强勇敢，也使得她成就了自己。后来，海伦还写了很多作品，并且与老师一起在全世界各地演讲，点燃无数人心目中的希望，成为无数人心中的榜样和标杆。

对于一个一岁多的女孩而言，突然间耳目失聪，也许她并不知道自己的世界发生了怎样的变化。但是随着年龄的增长，海伦变得越来越暴躁，因为她意识到自己与他人的不同，不知道自己到底哪里出了问题。幸好老师的出现给海伦打开了心灵上的眼睛，也给她的人生指明了方向，让她从此变得坚强勇敢，坦然接受自己与人不一样的地方。海伦当然也希望得到光明，所以才有了《假如给我三天光明》这本世界名著。然而对于无法改变的现实，她只能接受，因为唯有接受现实，她才能更好地改变命运，否则一味地逃避和否定现实，非但无法使问题得到解决，反而会使一切变得更糟糕。很多人都不知道快乐的真谛其实就是接受，唯有接受生命的给予，悦纳自己，我们才能最终获得幸福和圆满的人生。人生在世，没有任何人会凡事都顺心如意，当遭遇坎坷和挫折时，有的人马上放弃希望，陷入绝望，有的人却越挫越勇，最终战胜困境，成就生命。曾经有人说，对于这个世界上的万事万物，上帝撒出来的苦难和月光一样遍布大地。毫无疑问，我们完全有理由相信这个世界上每个人都活得很艰难，既然我们和大家都一样，为何不能坦然接受命运的赐予，从而也获得人生最美好的收获呢？

生活的苦难，因为你紧张的心

一位名人说，心若改变，世界也随之改变。还有人说，性格决定命运。这两句话都非常有道理，实际上，每个人在出生的时候先天的条件相差无几，而有的人最终走向成功，享受万众瞩目的光环，有的人默默无闻，穷尽一生依然平平庸庸，就是因为他们的心态不同，最终使他们选择了完全不同的人生道路。心态对于人的影响是很大的，有了好的心态，才会有好的心情；有了好心情，才会把每件事情都做到极致。生活常常赐予我们无尽的痛苦和挫折，但是生活也常常使我们感受到幸福和甜蜜的滋味。所以不管是面对困难还是顺遂如意，我们都应该学会接受一切。唯有发自内心地接受命运，我们才能与生活和平共处。生活原本就很艰难，我们完全不应该和自己过不去，唯有用好的心态拥抱人生，我们才会发现人生的美好和值得期盼！

什么样的心态才叫好心态呢？简单而言，好心态就是能够正确地认识人生，也能够愉快地接纳自己。要知道，人生不如意事十之八九，每个人的人生都不可能一帆风顺。很多时候，我们期望的是那样的生活，生活却给予我们这样的生活。所以，我们应该拥有好心态。很多人总是自以为是，恨不得让生活按照自己的意愿去发展，殊不知，生活就是生活，命运不是以任何人的意志为转移的。好心态的人不会过于紧张，而是能够放松地面对生活，接纳生活，也接受自己，面对自己。与他们恰恰相反，有些人面对生活的时候心态紧张，每天都把心悬着，偶尔还会和生活较劲。常言道，胳膊拧不过大腿，同样的道理，任何人都无法改变命运。当我们总是与生活较劲，我们就会距离想要的人生越来越远。

大学毕业后，东东就来到这家房地产公司上班，迄今为止，他已经在这家公司工作5年多了。5年的时间，对于很多大学同学而言，也许依然在公司里原地踏步，但是勤奋的东东总是挑战自己，在业绩上不断攀升。最终，他以优异的业绩得到晋升，如今他已经从小小的业务员升为业务经理，负责管理一个门店，门店里有十几名员工。

随着公司规模不断扩大，每年都会进行门店的排名。每到春节的时候，冬冬总是感到非常高兴。因为一直以来，他的业绩在公司总是名列前三，领奖的时刻当然总能成为全公司瞩目的焦点。很多同事慕名而来，向冬冬取经，也有的业务员因为仰慕东东，所以主动申请调到东东所在的门店。可想而知，东东在公司里的人气很高。渐渐地，东东变得骄傲起来，他觉得自己已经成为公司不可或缺的重要角色。

今年的年会格外令人关注，因为老板将会在年会上宣布重要的人事任免。前段时间，公司离职了好几位区域总监，很多内部的同事都参与了竞聘，当然公司也从外部在寻觅合适的管理人才。东东当然觉得自己势在必得，因为他现在的职位只比区域总监低一级，如果一切顺利，按照他的业绩应该可以荣升区域总监。在年会前一个月，冬冬就感觉到同事们对他的态度截然不同了，甚至有些区域经理都对他毕恭毕敬。冬冬一想到自己马上就要晋升为区域总监，不由得飘飘然。更让他沾沾自喜的是，人事部前段时间还让东东填写了一些资料，这无疑是把东东作为候选人对待的。因此，东东早就盼望年度会议早些召开，他也就能够早点儿得到晋升的好消息。

在年会上，老板宣布的新区域总监名单上并没有东东的名字。冬冬不由得感到非常失落，当场就要崩溃了。当然，东东也无法去找老板问个明白，毕竟老板从未说过要提升东东为区域总监，这一切只不过是大家的猜测而已。从客观上来说，调动到冬冬所在区域当总监的人的确经验丰富，也比东东年纪大一些。而且据说这位区域总监在其他公司还曾经是副总呢，所以同事们很快就接受了这个事实，觉得一切都理所当然。东东始终迈不过心中的坎，最终选择了辞职，离开了这家自己已经奋斗和拼搏了5年多的公司。其实东东不知道，老板原本是想提拔他当区域总监的，只不过想到东东年纪还比较年轻，所以决定等到下一个年度再提拔东东，但东东再也没有这个机会了。

对于东东而言，刚刚大学毕业5年就已经做到门店经理的职务，其实已经很不错了。尽管东东很有抱负，把目光瞄准了区域总监的位置，但是很多事情未必能够势在必得。记得孟非写过一本书，名叫《随遇而安》，从表面上看，“随遇而安”四个字似乎带着被动、消极的生活态度，实际上却是人对待生活的至高智慧。如果东东能够顺势而为，支持公司的决定，而不闹情绪，那么也许再经过一两年的历练，他就能顺利得到晋升，也会在公司得到很好的发展。只是因为与生活较劲，他就放弃了自己5年拼搏奋斗的成果，去了其他公司一切从头开始，不得不说，人生能有几个青春的5年可以从头再来呢？

生活中，不能随遇而安、总是与自己较劲的人不在少数，很多事情看起来理所当然，然而最终的结果却出人意料，所以我们不能犯主观主义的错误，而要更多地尊重客观事实，也要在撞到南墙的时候知道回头，不要一味地钻入死胡同。事情如果能够按照我们的预想去发展，那当然最好，但是如果不能按照我们预想的发展，我们应该想到其中必然有理由。生活中没有那么多的想当然，每个人的人生之路都有既定的轨迹。我们无法仿照别人的成功，不管走哪条路，我们都应该出于自己本心的选择，而最终的结局却并不以我们的意志为转移。常言道，尽人力，知天命，就是告诉我们要尽力而为，然后顺势而为。我们不能过早地对生活下结论，也不能自以为是。不管想要拥有怎样的生活，我们都要建立信心，才能最终获得胜利。当我们真正竭尽全力去做一件事情，哪怕失败了，也不会觉得遗憾。记住，能力并不表现在得意时的张扬，而是表现在失意时如何面对，唯有面对沮丧和绝望的时候也依然能够扬起信心和勇气，使得人生扭转局势，转败为赢，才是真正的强者。

心态宽和，世界也更美好

有的人觉得人生是小说，情节跌宕起伏，完全出人意料；有的人觉得人生是散文，格调温婉，言辞婉转；有的人觉得人生是纪实，每一件事情都必须是真实发生且不可改变的历史；有的人觉得人生是童话，带着美妙的色彩，使人满怀希望和憧憬。对于人生，每个人的理解都不同。其实女人的人生更像是一部童话，不但有着完整的结构，而且情节波澜起伏，有的时候结果往往出乎人们的意料，带给人无限的惊喜。

既然人生只有一次机会，每个人都要稳稳当当地走好人生的每一步。尤其是女人，青春易逝，昭华不再，更要把握好自己人生的每一步，才能避免一着走错满盘皆输。那么女人如何才能掌控好自己的人生呢？很多女人小肚鸡肠，在人生中斤斤计较，远离了幸福与快乐。其实对于女人而言，越爱比较，就越应学会宽容他人，也宽容自己。

清朝康熙年间，文华殿大学士、礼部尚书张英的老家在安徽桐城。张家原本就是大家族，又因为张英在朝廷里当大官，所以气势更盛。因为老宅子越来越老了，所以张家决定把房子翻盖一下。看到张家要翻建房子，他们的邻居吴家也不甘落后，当即也拆掉旧宅院，准备翻建。张家和吴家两家之间有一块小小的空地，这块空地是张家留出来作为通道用的。吴家翻建房子的时候，不由得动起了心思，居然私自把这条通道霸占了。为此，张家和吴家发生了激烈的争执，并且一纸诉状闹到了县衙。

因为张家和吴家在当地都是名门望族，所以县官左右为难，迟迟无法做出判决。张家怒气难出，因而当即修书一封，让家丁连夜赶往京城。在家书里，老人嘱咐张英在朝廷里多多发力，一定要把吴家告倒。张英了解事情的始末后，当即提笔修书："千里家书只为墙，让他三尺又何妨。长城万里今犹在，不见当年秦始皇。"写完之后，张英把回信交给家丁，让家丁火速赶回家里。家人收到张英的来信，原本觉得很高兴，以为张英一定想出了好办法，或者有什么解决问题的锦囊妙计。看完张英的诗，家人一开始很失望，后来认真商量之后，他们决定按照张英所说，让吴家三尺地。就这样，张家马上行动起来，把墙拆掉，让出足足三尺。看到张家深明大义的举动，老百姓都赞不绝口。吴家人看到张家的表现，也深受震撼，当即模仿张家人的样子，也拆掉墙，让出三尺地来。这样一来，张家和吴家之间小小的通道非但没有被霸占，反而变成了六尺宽的巷子。从此之后，关于六尺巷的故事就流传下来了。

如果张英支持家人和邻居使劲吵闹，那么最终的结果就是邻居之间闹得不欢而散，甚至世代为仇，而其他的村民也缺少了一条便捷的通道，在当今时代，也就没有了六尺巷的传说。很多时候，事情就在一念之间，选择了宽容就能海阔天空，选择了计较就会睚眦必究，导致人生的道路越走越窄。有的时候，我们希望得到他人的宽容，却不知道他人的宽容却来自我们的宽容。唯有我们主动宽容对待他人，他人才会以同样的态度对待我们，所以，我们要做出高姿态，不要要求他人，而要以身作则，给他人做出优秀的榜样，这样他人自然知道该怎么做。

每个人都是群居动物，也是具有社会属性的人，每个人都要融入社会之中，与他人交往，才能更好地生存和发展。然而，在人际交往的过程中，人与人之间难免会产生各种矛盾，最终闹得不可开交。如果能够各自怀着宽容的心态，退一步海阔天空，那么人就会变得更加理性和从容，也不会因为一点小小的事情就与他人撕破脸皮，使自己变得非常尴尬。

常言道，海纳百川，有容乃大，其实海之所以能够容纳百川，是因为海把自己的位置放得很低。一个人唯有放低自己，谦虚恭顺，才能拥有博大的胸怀，也才能成就伟大的事业。对于任何人而言，宽容都是最高尚的人生智慧。宽容的心会让我们变得更加从容豁达，也避免与人斤斤计较。生活中充满了各种琐碎的事情，我们唯有宽容，才能更加感受到世界的美好，也才能得到更多的幸福与快乐。很多人都讲究以理服人，殊不知法不外乎人情，很多时候道理也要尊重感情，从感情的基础上去讲。有的人得理不饶人，却不知道以德报怨才是人生至高的境界。

第 10 章

多些努力，让易紧张的心变得强大起来

人很多时候之所以恐惧，就是因为对于人生的未知和不可把握。的确，人生之中很多事情并非人力所能及，但是即便如此，我们只要坚持努力，让自己变得强大起来，还是能够增强自己的实力，让自己对于人生更有把握。常言道，天道酬勤，机会总是留给有准备的人的。当我们不懈努力，做好完全的准备，相信我们的心也会变得更加轻松淡然。

专注，与兴趣是不同的

如今，在教育孩子的问题上，很多父母都感到非常困惑。从理论上讲，父母们都知道要从孩子的兴趣出发，发展孩子的天赋，但从实际上讲，他们又要忍不住为孩子报各种各样的培训班和补习班，从而不让孩子输在起跑线上。其实不管是兴趣还是后天的培养，都无法使孩子真正获得成功。细心的朋友可能会发现，大多数成功人士都有一个共同的特点，那就是专注。

专注，顾名思义就是集中注意力专心致志地做好一件事情。专注的孩子在玩游戏或者玩玩具的时候，总是心无旁骛，而很少三心二意。因而他们在课堂上的表现也比那些容易分神的孩子更好。众所周知，课堂45分钟是老师传授知识的重要时刻，所以专注的孩子更能够抓住这45分钟，最大限度地提高学习效率，做到在课堂上毫无疏漏，这样课后的复习也必然更加顺利，起到事半功倍的效果。曾经有人说专注是这个世界上最美好的事情，也是一切成功的基础之一。实际上，现在社会处于信息大爆炸的时代，我们每天都要接受各种各样的信息，因此对于现代人来说信息已经不再缺乏，而是过于泛滥，甚至令人眼花缭乱。如果说几十年前，人们失败是因为得到信息不够及时，那么现在很多人之所以失败，是因为信息太多。铺天盖地的信息使得人们失去专注的能力。1971年，诺贝尔奖得主曾说，在信息丰富的世界中，人类的专注力是唯一稀缺的资源。如今看来，时代的发展正在逐渐验证这句话，信息爆炸声每天都在我们的耳边响起，已经很少有人能够专心致志地做自己喜欢或者感兴趣的事情了。世界上的一切美好都源于专注，我们到底要如何做才能重新找回专注呢？

尤其是现在，电子产品几乎绑架了人们。走在大街上，我们总会看到无数人都在低头看手机，尤其是在地铁上，差不多人手一部手机，每个人的眼睛都盯着闪闪发光的屏幕，对外界的世界不闻不问。这能算是专注吗？也许算，只不过是对手机的专注。那么如果离开手机，你可曾还能专注地在晚上休闲的时候做过一件事情呢？你有多长时间没有认真地看过一本书了？你有多长时间没有全心全意地和自己所爱的人交谈了？你有多长时间没有抽出专门的时间去学习一项技能了？相信大多数人给出回答都是很久很久了，久得自己都已经忘记到底过去了多长时间。如今的生活中，我们每天也许只能学习5分钟，但是却花费两个小时的时间盯着手机屏幕，我们也许只能抽出几分钟时间看两页书，就再也无法平心静气地坐在那里，而不得不打开电脑或者手机看一个短短的视频。还有很多大学生一边上课一边刷朋友圈，就连老师讲的重要的知识点都没有听进去，不得不说缺乏专注的人生使我们错过了很多，也使我们失去了很多。在心理学上有一个概念叫作心流，这个概念其实很形象，意思就是说人的精神如同流动的河。心流越长，意味着人的专注力越强；心流越短，意味着人的专注力越弱。心流短的人很容易被其他的事情干扰，哪怕正在专心致志地做着某一件事情，也总是容易三心二意。因而要想成就大事，我们必须让自己的心流变得更长一些，这样才能长久地集中注意力，做好人生的每一件事。殊不知，当我们习惯于三心二意，那么我们渐渐地就会失去独立思考的能力，也越来越无法做到专注有序。其实这也是时代的发展给人类的心理带来的巨大冲击，尤其是互联网思维的流行，导致人们的思维呈现碎片化。如果说以前人们还能花费很长时间来深入探讨一个话题，那么现在的话题一个接着一个，使人简直应接不暇，再也没有人愿意花费很长的时间来就一个话题展开讨论了。

朋友们，你们到底有多长时间没有专心致志地做一件事情了呢？如果你回答的时间让你自己都感到惊讶，那么一定要及时反思自己，培养自己的专注力。毫无疑问，保持专注是很难的，很多人都因为无法专注而感到苦恼。其实从本质上而言，有些情况并非是人们的专注度不够导致的，而是因为人们没有能力在同一时间里处理很多事情。大多数人对于专注都存在误解，觉得唯有在安静的环境中做好一件事情才是专注，实际上现实却很残酷，不管是在生活中还是在办公室里，我们都很难找到如同世外桃源一样安静的所在。相反，我们总是在嘈杂的环境中，恨不得一次性处理很多事情，最终却搞得自己手忙脚乱，应接不暇。我们必须区分专注与兴趣的不同，专注的人在做事情的时候，不但做自己感兴趣的事，也做自己应该做的事情。而所谓兴趣，就是人们只做自己感兴趣的事情，对于自己不感兴趣的事情置若罔闻。现代职场上，很多人从事的工作都不是自己喜欢的或者不是自己的专业，在这种情况下，只有兴趣是远远不够的，唯有专注力才能帮助我们在工作上取得更好的发展。

尹希刚刚31岁，就晋升为哈佛有史以来最年轻的华人终身教授。在很短的时间内，整个华人圈都因为这个消息轰动了。美国《世界日报》在9月24日针对此事进行报道，也让无数人知道了尹希在求学路上始终“先人一步”的坚持。13岁那年，他考入中国科学技术大学少年班。4年之后，17岁的尹希考入美国哈佛大学，开始攻读博士学位。对于自己如此传奇的求学经历，尹希只是轻描淡写地形容——“确实跳了几级”。

尹希告诉记者，自己从小喜欢数学，而且脑子转得还算快。他觉得如今的人过于在乎后天的努力，却不知道人的时间和精力有限，最好从事自己感兴趣而且能够专注的方面，才更容易取得成果。他正是因为从小就喜欢数学，而且坚持至今，才有了今日的成就。尹希特别强调专注的重要性，他说，他也许会根据工作需要安排自己的时间，但是在做重要的事情时，他是绝对专注的。记得最初和妻子相识的时候，他还因为过于专注，导致对妻子不理不睬，还惹得妻子不高兴了呢！当然，现在妻子非常理解和支持尹希，已经成了尹希的坚强后盾。

在家庭教育方面，因为父母的尊重，尹希也得以专注地做自己感兴趣的事情。这使尹希受益匪浅，所以如今他对于自己的女儿也同样尊重和理解。尹希的女儿很喜欢艺术，尹希就尊重女儿的选择，而且他从来不像其他华人那样强迫孩子学习中国的文化，而是让孩子自由发展。尹希对于女儿唯一的希望就是让女儿学好数学，因为他觉得数学对于人类的发展有着不可替代的重要作用，是大自然与人类交流的语言。总而言之，不管是对于自己还是对于女儿，尹希都坚持专注力的培养，他认为，人唯有专注，才能爆发出惊人的力量。

哈佛大学是世界顶级名校，能够获得如此殊荣，不得不说尹希是中国的骄傲。谈起自己成功的经历，尹希感触最深的就是一定要有专注力，尤其要在自己感兴趣或者擅长的领域投入专注力，才能更加事半功倍地获得成功。其实，这个世界上绝没有一蹴而就的成功，任何时候，我们都要付出长久的努力，才能距离成功越来越近。

人们常说，成功是没有捷径的，但是这并不意味着成功没有方法。培养专注力，发挥专注力，就能让我们在成功的道路上事半功倍，效率倍增。

天道酬勤，努力的人更好运

生活中，我们常常羡慕他人非常幸运，总是得到命运的眷顾，轻而易举就能获得成功。实际上，生活中更多的人都和我们一样，从来不会被幸运眷顾。因而，唯有依靠自身的不断努力，我们才能提升和完善自己，从而使自己在人生的道路上更进一步。不得不说，命运是不公平的，很多人从出生开始就含着金汤匙，他们至高的起点，使得我们哪怕付出再大的努力，也无法达到他们的高度。难道我们因此就要放弃努力吗？当然不可以。也许付出未必有回报，但是如果不付出，那么就任何回报都没有。哪怕只有百分之一的可能性，我们也要坚持和努力，这样才能在人生的道路上更加坚定勇敢地前行，创造生命的奇迹。

对于每个人而言，人生都是自己的。没有人的命运不是掌握在自己手中，而当我们摊开掌心，命运也必然随波逐流。既然活着，笑着也是一天，哭着也是一天。与其哭着度过生命中的每一天，我们不如敞开心扉去笑对人生，也许能够让自己的心情变得好起来。既然躺着也是一天，站着也是一天，那么每活过一天，我们就要坚持站着，从而让自己的人生更加坦然从容。总而言之，人生中既有不公，也有意外的挫折和坎坷。任何时候，我们都要鼓足勇气面对人生，绝不轻易放弃，才能成为人生的主宰，得到人生的青睐和善待。所谓“物竞天择，适者生存”。人活着，就要面对，既然知道自己从来不会得到幸运的眷顾，那么我们就要坚信天道酬勤。

生活中，很多人一旦取得意外的好成绩，总是以为好运气在帮助自己。殊不知，运气只是一种可有可无的东西，而且不知道什么就会出现，也不知道什么时候就会消失，甚至根本没有人能够证明运气真的存在。那么为了让自己的运气变成常规，始终好运相随，我们必然要付出更多的努力，才能把偶然性变成必然性。

一直以来，人们都用天道酬勤激励自己不断努力。这句话告诉我们，上天总是会根据每个人的勤奋程度，给予每个人不同的回报。所谓“一分耕耘，一分收获”，只要付出了足够的努力，我们就总能得到收获。当然，也许有人会质疑，因为有的时候付出了未必有收获，这就需要我们弄清楚付出和收获的关系：努力了不一定有收获，但是不努力就肯定没有收获。由此可见，哪怕付出了却没有收获，我们也依然要努力付出。所谓天道酬勤，也许勤奋了未必会得到命运的回馈，但是如果我们不勤奋，那就只能自暴自弃，任由命运的河流把我们带到人生的未知之处。

在中国历史上，曾国藩是赫赫有名的大人物之一。其实，曾国藩小时候并没有表现出独特的天赋，反而资质平庸，不为人注目。有一天，曾国藩正在家里读书，他反反复复地把一篇文章念了很多遍，也没有记下来，因而他只能继续读下去。殊不知，此时此刻，有一个小偷正潜伏在他读书的房梁。原本小偷想等到曾国藩读完这篇文章，就下来偷东西，不想曾国藩翻来覆去地把长长的文章读了很多遍，也没有背下来，最终把小偷等得不耐烦，忍不住跳下房梁，对着曾国藩喊道：“你根本不是读书的材料，还费这么大劲读书干什么呢？”说完，小偷居然把曾国藩的那篇文章顺畅地背了下来，然后大摇大摆地从曾国藩的房间里走出去。

当然，这只是关于曾国藩的一件逸闻趣事，但是却告诉我们，曾国藩从小资质平庸，甚至连小偷都比曾国藩聪明。然而所谓的小聪明并不能帮助人们成就大事，曾国藩最终取得的成就让世人瞩目。所以，小聪明并不能取代勤奋，哪怕我们天资聪颖，也应该以勤补拙，这样才能让自己得到更好的发展。

拥有强大的内心，人生与众不同

生活中，很多人都会不知不觉陷入焦虑之中，让自己的心无处安放。那么，我们如何才能摆脱焦虑，让自己成为一个内心强大的人呢？其实，很多事情并非我们的意志所能左右。正如古人所说，天时地利人和才能取得成功，其实古人也在强调主观与客观的相互融合。要想拥有一颗强大的心脏，我们首先要让自己变得自信起来。人的自信并非是天生的，很多时候都来源于后天的培养。我们要有意识地鼓励自己去做以前不敢做的事情，这样才能让自己变得越来越胆大。此外，我们还要不断地认可和悦纳自己，试想一个人如果连自己都不相信自己，又如何能够得到别人的认可和肯定呢？当然，在教育孩子的过程中，父母更应该多多肯定孩子，让孩子感受到自信，这样孩子才会变得内心安宁，从容坦荡地面对人生，而不会战战兢兢、如履薄冰。

很多人焦虑不安的情绪越来越严重，就是因为他们内心深处和焦虑处于对抗的状态。其实，人都会紧张，紧张和焦虑也是人正常的状态之一，因此我们无须过分对抗紧张和焦虑，否则紧张和焦虑就会变得更加严重，也会对我们的身心造成严重的伤害。实际上，心理学家经过研究发现，轻微适当的焦虑和紧张，可以激发人的潜能，让人更加爆发出自身的力量，获得好的结果。当然，凡事皆有度，过度的焦虑使人心神不宁，根本无法正常发挥自己的水平。

人之所以不够强大，还是因为人总是恐惧未知的未来。众所周知，人生是充满变数的，任何事情都没有一定之规。在这种情况下，我们唯有坦然面对，以静制动，才能从容应对人生的各种情况。人生的很多变数都来自客观外界的环境，很多人都觉得自己无法控制各种变数，实际上，只要我们积极主动面对人生，做好准备，就能成为抓住机会的人，从而用自己的力量控制很多事情。尤其是以自身的力量控制好人生的各种意外，从容应对人生的突发情况时，我们更会变得越来越自信。

现实生活中，很多父母在孩子写作业时总是保持绝对安静的环境，生怕打扰了孩子。例如每年高考到来的时候，父母还会要求附近的工地停工，从而让孩子专心致志地复习。在高考的大日子，甚至有的父母还会封闭高考学校附近的道路，从而让孩子专心地考试。实际上，很多运动员在进行练习的时候，周围的环境都是嘈杂的，这是因为在真正的赛场上，我们不知道会有怎样的环境。既然如此，就要在训练的过程中，让选手适应环境。同样的道理，在过于安静的环境中学习的孩子，一旦进入嘈杂的环境，学习效率就会大大降低，甚至根本无法安心学习。这样一来，孩子的适应性必然很差。人要想有强大的心脏，就应该让自己适应各种环境，并且在任何环境下都能表现出强大的实力，这样一来，人们自然充满自信，也会无坚不摧。

还需要注意的是，要想拥有强大的内心，我们就要避免过度担心。

很多孩子的心理素质都不好，一旦遇到正式的考试，成绩总是一落千丈，而在平日的练习中，他们的成绩很稳定，这就是因为孩子的心理素质不够好。就像运动场的选手们，哪怕平日里训练的成绩再好，如果在最后的比赛中发挥失常，就会导致成绩一落千丈，也就无法证明自己的实力。所以过度担心就像一句咒语，总是让人心理失衡，无法正常发挥水平。其实有一种方法可以避免过度担心，那就是在做重要的事情之前先想到最坏的结果，当内心能够接受最坏的结果时，我们也就能够坦然从容地面对一切结果。否则，如果我们的心里总是想着好的结果，导致患得患失，也就无法在比赛中发挥正常的水平。毫无疑问，当情况到一定程度的时候，就不会再坏了，当我们想到最坏的结果，就会感到心安，因为最坏也就不过如此了。当然这个与积极的自我心理暗示并不冲突，所谓积极的自我暗示，就是对自己进行不断的鼓励，从而让自己信心十足，充满力量。而想到最坏的结果，则是让我们有一定的心理准备，避免因为紧张而导致发挥失常。

总而言之，强大的内心并非一朝一夕就可以练就的。很多时候，我们要从各方面提高自身的素质和综合的能力，才能以实力为自己代言，也才能让内心逐渐变得强大起来。尤其需要注意的是，我们要从心理学的角度关注自身的心理健康，摆正自己的心态，端正自己的态度，这样才能在人生之中步步为营。

一切真的未必会变好

心理学上有一种现象叫作过分乐观偏差，所谓过分乐观偏差，就是有的人总觉得自己不可能像别人一样遇到那么倒霉的事情，总觉得别人之所以那么倒霉，一定是有原因的，而自己肯定不会那么倒霉。也许有人会说这样乐观的心态对人生有好处，其实这种心态与乐观截然不同。所谓乐观，是在面对糟糕的情况时也能积极热情地对待，不至于消极逃避。但是心理乐观偏差则导致人们觉得某些倒霉的事情根本与自己无关，从而使得他们没有做好面对各种突发意外的心理准备，最终当事情真正发生的时候，他们非但无法从容应对，反而会因为毫无心理准备而不能面对，使自己惊慌失措，歇斯底里。

从某种意义上说，过分乐观偏差的人往往是盲目乐观的，甚至带有逃避的心态。他们无法认识生活的本相，更无法坦然面对生活的一切馈赠。乐观者能够想到不好的结果，也能够想到解决问题的方法，知道如何使结果变得更好。而心理乐观偏差的人能够想到最坏的结果，但是却依然心怀侥幸，觉得最坏的结果不会发生，不得不说他们根本不是乐观，而是胆小怯懦，逃避现实。

不管怎么样，觉得任何事情都会进展顺利，并不是真正的乐观。心理乐观偏差的人就像把头埋进沙子里的鸵鸟一样，他们明知道情况很糟糕，还是坚持认为事情会进展顺利，或者他们已经知道自己面临危险，哪怕把头埋到沙子里逃避现实，也不愿意勇敢地面对和接受现实，从而做出果断的决策。所以说这种盲目的乐观无异于痴心妄想，他们始终活在自己的世界里，逃避现实，最终表现出焦躁的症状。

很多现代人都有各种各样的心理疾病。现代社会生活压力越来越大，工作节奏越来越快，职场上的竞争也日渐激烈，所以我们周围有很多人都面临情绪的起伏不定，甚至有些人陷于抑郁之中，无法保持积极乐观的态度。从心理疾病的角度而言，这种症状又叫焦躁症。所谓焦躁症就是盲目自信，自以为是，甚至兴奋得睡不着觉，觉得世界上的一切事情都会按照他们的心意去发展。焦躁症患者往往对于自己有着不客观的认识，盲目骄傲自大，他们认为睡觉是白白浪费生命，所以眼高手低地去做一些远远超出他们能力的事情。然而，因为对现实没有客观清醒的认识，对事情也没有准确到位的分析，最终使得他们只能遭受失败。

作为心理健康的人，我们要真正地面对问题，理智认真地分析问题，从而找到最佳的解决问题的方法。尤其是要从客观的角度看待问题，而不要一味地自以为是，自欺欺人。日常生活中，人们在安慰他人时总是说一切都会好起来的。事实的情况却告诉我们一切真的未必会变好，我们不但自己要接受这个残酷的现实，更要把这个残酷的现实告诉他人，从而用真相提醒他人做好心理准备，面对命运的一切反复无常。唯有如此，我们和他人才能理智客观地面对问题，也才能最终圆满地解决问题。

完美主义者往往不幸福

现实生活中，很多人都表现出强迫的症状，尤其是完美主义者身上的强迫症状更加明显，他们不管做什么事情都想要得到最好的结果，因而不愿意遵循其自然的规律，也不愿意随遇而安，而是极力要甩开特定的思维和行为，让自己从现实中跳脱出来，按照自己的心愿去做人做事。当然，他们很多时候知道自己的行为和特定的思维都是不值得提倡的，然而他们却无法摆脱这种思维和行为的怪圈，诸如很多强迫症患者每次离开家的时候总是担心门没有锁好，他们明明知道自己已经锁好了门，却又忍不住爬到楼上，再次试一试门，用钥匙把门打开，再重新锁上。有的强迫症患者症状比较严重，甚至会重复几次这样的动作。日久天长，自己也非常苦恼，因为他们的心里就像住着一个魔鬼，总是让他们不受自己的控制和指挥。

很多人的强迫症状表现在两个方面，有的人的强迫是往好处想的，而有的人的强迫是往坏处想的。往好处想的强迫使人拥有积极的力量去完成伟大的事业，而往坏处想的强迫总是让人惴惴不安、心神不宁。很多强迫症患者因为症状比较明显，已经表现出病态，他们总是会产生这种焦躁不安的反复性行为，以致严重影响他们的生活和工作，使得他们不堪其扰，身心憔悴。

凡事皆有度，如果强迫不过度，那么对于我们的生活和工作都是有帮助的。尤其很多人比较懒散，或者做事情不够积极，那么在一定的强迫状态下，他们会更加积极主动地完成既定的工作，直到把工作做得圆满才让自己放松下来。然而有些人原本就已经非常优秀，却依然强迫自己，不得不说这种过度的强迫最终会使他们走上完全相反的道路。艺术家都有强迫的症状，因为他们在追求艺术的道路上总是尽善尽美，不愿意有任何瑕疵。

蔡雅已经工作5年了。在5年的时间里，她对待工作兢兢业业，做出了很好的成绩，也成功奠定了自己在公司中的位置。然而，公司今年新招聘进来一批大学生，全都毕业于名牌大学，其中有的是本科学历，有的是硕士学历。他们每个人不但有着高学历，而且有各种各样的资格证书。这些大学生进入公司，为公司注入了新鲜的血液。看着大学生们经常在需要的时候展示出相应的资格证书，蔡雅不由得感到压力倍增。虽然她才来公司5年，还不到30岁，但是她觉得自己已经成为一名老员工了。看到新员工如此发奋努力，蔡雅告诉自己：如果不努力，可能连现在这个位置都保不住，更别说晋升了。如此想来，蔡雅当即决定报名参加培训班，从而让自己也获得工商管理硕士的学历。

要想获得工商管理硕士学历，必须经过漫长的学习。蔡雅已经结婚好几年了，原本准备今年要孩子，但是一想到自己的学习计划，她决定推迟要孩子。虽然老公不同意，但是拗不过蔡雅。在工商管理培训班学习一段时间之后，蔡雅又发现班级里的同学都不止在上一门课程，诸如有的人还要考会计师，或者是律师资格证。看到每个人的状态都如同打了鸡血一样，蔡雅不由觉得自己的生活过于安逸了。她当即又给自己报了一个会计师资格考试班。老公得知蔡雅的决定，简直要崩溃了，他对蔡雅吼道："你已经是一个已婚妇女，虽然你要进步，但是你也要兼顾家庭，难道我们要孩子的计划要推迟到40岁以后吗？"蔡雅好言相劝老公，然而自己却因为强大的工作压力和学习压力，最终导致心力交瘁，患上了抑郁症。

人在职场，学习当然是必需的，但是学习应该是常态，而不应该成为短期应激行为，从而给人带来巨大的压力。一个人如果过于追求完美，表现出很严重的强迫症状态，那么他的生活一定会远离幸福和快乐。人生并不是一加一等于二那么简单，很多时候我们足够聪明机智，才能协调好人生中的各种关系。就像事例中的蔡雅，虽然她努力追求上进，是很值得赞许的，但是作为一名已经结婚的女性，她也应该更多地考虑到丈夫和家人的感受。

当然，现代职业女性在社会和职场上承受着巨大的压力，不但要在工作上有所表现，而且要兼顾家庭。尤其是知识更新的速度如此之快，使得每个人都要坚持终身学习，才能始终进取，不被时代远远抛下。可想而知，事例中蔡雅的身心压力非常之大。人不是机器，不可能无限度地工作。人需要休息，唯有调节好身心，才能更有效率地投入工作和生活之中。实际上，蔡雅未免一下子把自己逼得太紧了，毕竟人生是漫长的，而且现代职场学习也不是朝夕之间的事情。要想立足职场，我们就要坚持终身学习，不断努力提升自己，所以每一位职场人士完全没有必要为了多考几个证，就在几年的时间里把自己累得身心俱疲，不如放长线钓大鱼，进行长期的规划，让自己的生活和工作平稳有序地不断推进。

对于成功的追求，很多人都有一个误区，即觉得在追求成功的过程中，必须每时每刻都拼尽全力，其实这就是强迫症的表现。成功是一个漫长的过程，而且人生对于成功从来也不是简单的定义。我们与其暂时追求成功而舍本逐末，不如选择一个更合理的方式让自己实现可持续发展。

珍惜此时，人生更美好

对于人生，很多人哪怕度过了漫长的岁月，也依然参不透其中的真谛。人生是漫长的，也是短暂的。生命的机会对于每个人都只有一次，因而对待人生，我们要更加认真慎重，也要更加积极主动。时间就像是一条长河，不停地奔流，唯有抓住时间，我们才能主宰人生。毕竟时间是组成人生的材料，没有时间的人生，也就会变成空壳，带给人们无尽的伤痛。时间的脚步啊，嘀嘀嗒嗒，一刻也不停歇。当过去成为过去，成为不可改变的历史，而未来远远还未到来，聪明的人都知道，唯有把握当下，活在当下，才能让人生更加可控和可以把握。

现实生活中，很多年轻的朋友都缺乏危机意识，总觉得自己还年轻，而人生是漫长的，长得看不到头。殊不知，人生非常短暂，因为没有人知道人生确切的长度。生活总是充满了意外，我们也不知道明天和意外哪一个先来。既然如此，我们就要端正态度，活在当下，不为已经发生的事情而懊丧，也不为还未发生的事情而焦虑不安。人生中，有些人既忘不掉过往，也掌控不了未来，就这样犹豫不决最终荒废了人生，也让人生毫无收获。

众所周知，时光是不可倒流的，这个世界上更没有后悔药可卖。不管我们的过往是使人遗憾，还是值得骄傲，那都已经成为过去。要想把握人生，我们就要更好地活在当下，从而为未来奠定基础。现实生活中，很多人因为对于过去流连忘返，导致错失今天，未来也变得不可操控。诸如项羽是一个狂妄自大的人，在吴江前自刎。其实项羽要是更多地考虑现在和未来，而不是一味地沉湎于过去的伟大成就中，那么他就会知道“留得青山在，不怕没柴烧”的道理。再如拿破仑大帝一生征战沙场，最后却因为骄傲自负，被敌军俘虏，余生都被囚禁在孤岛上。当我们不小心打翻了一杯牛奶，不要哭泣，因为这杯被打翻的牛奶是不可能再回来的。当我们错过了太阳，也不要哭泣，否则我们还会错过群星。人生，就是要学会不断地告别过去，遗忘过去，从而才能轻装上阵，在人生的道路上勇往直前。记住，每一个今天都是我们新的人生起点，唯有如此，我们才能不断进步，让人生的道路也继续延续下去。

所以朋友们，不管过去对于你们而言是怎样的经历和过往，都要学会及时遗忘。唯有如此，我们才能看到未来的希望，而不至于一味地沉迷于过去，让一切事情都没有了回旋和好转的可能。认真地活在当下，更专注于我们现在把握的每一天，这样我们的人生才能更加积极奋进，我们也才能如愿以偿实现人生的梦想。

第11章

轻松地去爱，太紧张的爱更容易失去

爱情是造物主给人类最好的恩赐，也是给人类最值得珍惜的礼物。然而对于爱情的飞蛾扑火，也不能使我们依靠爱情一生。记住，除了父母对我们是完全无私和无条件地宠爱，没有任何人能够宠爱我们一生，更没有任何人能够用爱供养我们一生。所以，即使我们曾经在爱情中骄傲得如同公主，最终我们也会从虚无缥缈到脚踏实地，从十指不沾阳春水，到洗手做羹汤。我们不能肆无忌惮地挥霍爱情，唯有用心经营爱情，才能让爱情之花常开，也才能让婚姻成为我们一生的相守。

人生的经历从来不是平白无故

一千个人眼中就有一千个哈姆雷特，一千个人眼中就有一千种不同的爱情。对于爱情，每个人都有自己的理解和感悟，也有与众不同的体会。既然爱情是造物主给予我们的最好礼物，那么我们就应该尽情享受爱情的美好，而不要因为疏忽大意，使得被爱情遗弃。很多女孩在爱情中都非常骄傲，如同一个不可一世的公主，殊不知，爱情并非是源源不绝的井水，总有一天爱情的井会干枯，所以不要肆意挥霍爱情，也不要因为爱情曾经遭遇挫折而感到沮丧绝望。要知道，每一个前任都是我们的老师，每一个前任都让我们拥有一次刻骨铭心的成长。聪明的女孩不会始终沉迷在逝去的爱情中，而是会努力忘记过往，积极主动地奔向更美好的未来。

如今，很多人依然有处女情结，尤其是一些女孩，总是沉迷于曾经的爱情经历中，让自己无法自拔，更无法坦然面对未来的生活和崭新的爱情。殊不知，现在社会思想观念开放，所谓的处女并不代表纯洁，更不代表一个人的道德和品行。通常情况下，人与人之间未必一开始就合适，所以在尝试之后才会选择分手。很多女孩因此不敢再面对新的爱情，这是完全错误的。每一个人的成长都是各种因素综合的结果，你怎么知道如果没有前任的出现，就会有今天的你呢？曾经有位名人说，没有任何一段人生是白白经历的。的确如此，人生中每一分、每一秒的经历都会成就今天的我们，也会让我们更加坦然地面对人生。所以，不要因为今天的自己而觉得愧对现在的爱人，而要感谢那些过往把你锻造成现在这样。你越来越好，正是生命中无尽的养料始终在滋养你，也督促和鞭策你不断成长。

很多人因为失恋而痛不欲生，恨不得马上结束自己的生命，殊不知，爱情是两厢情愿的事情，强扭的瓜总是不甜的。哪怕我们以死相拼，那个不爱我们的人依然不爱我们，就算他们足够善良、宽厚，因为我们的自我伤害和痛不欲生而留在我们的身边，这样的爱情显然也不是真正的爱情，也不会给予我们想要的结果。所以对于失恋，我们尽管可以伤心，却无须觉得天塌地陷。毕竟失败的恋情也许是不幸，也许是幸运，更大程度上是我们的幸运，因为一个人不会无缘无故地成长，婴儿呱呱坠地，想学会走路就要经过无数次摔倒，想学会吃饭就要经过无数次尝试和努力，甚至连说话如此简单的事情，婴儿也要经过漫长的牙牙学语，才能渐渐找到正确的方法。对于爱情如此神奇的东西，没有人天生就是恋爱的专家。一个人要想在爱情中如鱼得水，就要经历爱情无数次的摧残。正是随着爱情的不断流逝，我们才能渐渐成长，心智也变得成熟起来。很多有心理洁癖的人会选择一生之中只谈一次恋爱，听上去这似乎是非常纯洁而又高尚的事情，实际上对于婚姻而言，一个初次谈恋爱的伴侣未必会是好伴侣。

大学毕业后，刘娜认识了现在的男朋友。当初刘娜刚刚进入公司，初来乍到，人生地不熟，而李伟是公司的老员工。因而就与李伟渐渐地走到一起。最开始，刘娜觉得李伟非常优秀。然而，随着时间的流逝，刘娜不断地成长起来，而李伟却依然原地踏步。渐渐地，刘娜看不上李伟了，她觉得两个人一定要共同进步，才能在生活中保持同步。而对于被自己远远甩在身后的李伟，她只能说抱歉。李伟对于刘娜的离开显然无法接受，曾经那个小鸟依人的刘娜到底去哪里了？李伟想不明白，也因此对刘娜心生忌恨。有一段时间，李伟每天下班都会缠着刘娜，而且在有闲暇的时候就给刘娜发各种各样的短信和微信。刘娜不堪骚扰，只得离开了公司。在离开公司的前一天，刘娜又和李伟见了一面，她非常诚恳地对李伟说："李伟，我对你有一个建议，就是不要死缠烂打地想要留住爱情。我之所以离开你，就是觉得你不求上进，如果你能够更加积极上进，相信未来一定会遇到更好的女孩。"

刘娜宁愿离开公司也不愿意和自己在一起，使李伟意识到刘娜的决绝，他再也不骚扰刘娜了。然而刘娜的话总是不停地在他耳边回响，他痛定思痛，意识到自己的确存在很大的问题。从此之后，他再也不蒙混过日，而是精神抖擞地开始了奋斗的人生历程。5年过去了，李伟已经不再是从前的李伟，他从一个最普通的职员变成了公司的中层管理者，不但有房有车，而且事业有成，未来也有很大的晋升空间。一个偶然的机会，李伟遇到了刘娜，他非常真诚地感谢刘娜："谢谢你曾经提醒我，让我找到了现在的自己。"

人生的每一段经历都不是无缘无故出现在生命之中的。只要我们是有心人，就能从每一段经历中汲取经验，也收获教训，更能够深刻反思自我，从而促使自己更加积极勇敢地面对未来。如果不是刘娜的决然离开，李伟也许依然过着自我满足的生活，在工作上毫无进步。殊不知，对于年轻人而言，宝贵的青春转瞬即逝，如果不在该奋斗的年纪选择拼搏，那么等着我们的必然是深深的失落。如今的李伟之所以如此优秀，的确是拜刘娜所赐，所以他对刘娜的感谢也是完全发自内心的。

作为人生的伴侣，必然在人生的每一个方面都要同步，而且心灵还要契合。遗憾的是，生活中有很多情侣在感情的发展中彼此之间渐渐拉开巨大的距离，导致再也无法携手同行。在这种情况下，被分手的一方最好不要抱怨提出分手的那一方，而是要更加深刻地反思自己，从而提升和完善自己，让自己变得更优秀。

成熟的爱情，才能走入婚姻的殿堂

很多人都以自己人生中的第一次恋爱为骄傲，尤其是人到中年，如果还骄傲地说自己未曾恋爱过，下一个遇到的人才是自己真正的恋爱对象，不得不说这不再是对自己的表扬，而是使人感到恐惧的一件事情。最近几年，江苏卫视热播的《非诚勿扰》栏目中，很多女孩在寻找人生伴侣的时候，都不愿意找从未谈过恋爱的男孩。其实对于爱情的理解和领悟也是需要经过爱情学校培训的，那些从来没有在爱情学校中学习的恋人，就像从未进过校园的孩子一样懵懂无知，也必然在爱情中手忙脚乱，根本无法与所爱的人更好地相处和交流，也无法给予所爱的人如同阳光般温暖的感受。如此一来，不难想象出和初次恋爱的人谈恋爱将会是多么艰难的事情，尤其是对于很多已经从恋爱学校毕业的人而言，他们根本不愿意承担起爱情培训教师的角色。人们曾经不主张大学生谈恋爱，而等到青春不在的时候，那些从未在大学谈过恋爱的人都会觉得很遗憾，觉得自己的人生似乎不圆满了。所以，我们在人生之中更应该顺其自然，在该恋爱的时候恋爱，在该结婚的时候结婚。

曾经，有一个30多岁的男人从未谈过恋爱，他对一个女人一见钟情，因而不顾一切地追求这个女人。他使出了各种手段，最终以真诚打动了女人，女人同意嫁给他，与他结婚生子。原本这应该是一个非常纯情的、感动人心的爱情故事，结局到这里似乎也应该出现，那就是一家三口从此过着幸福快乐的生活。然而现实总是残酷的，现实对于这种童话性的结尾表示不认可。在与这个女人结婚一年之后，当他们的孩子呱呱坠地之时，这个男人却发生了婚外情。女人当然觉得不可忍受。毕竟在两年前，这个男人还是一个从未谈过恋爱的人呢，如今为何就变得如此堕落呢？男人为自己辩解的理由简直让人跌破眼镜，他说自己从未谈过恋爱，所以想要尝试更多的恋爱感觉。这话听起来很像是混账话，但是仔细想想很有可能是这个男人的心声。毕竟如果一生之中只跟一个女人谈恋爱，对于很多颇有野心的男人来说都是遗憾的。尤其是在妻子怀孕生孩子期间，男人的爱情之门刚刚被打开，如今却又不得不忍受妻子怀孕的煎熬，所以很多人都说在妻子怀孕期间是男人最容易出轨的时候。

对于这个结论，女人当然觉得难以接受，毕竟女人怀孕是一件非常辛苦的事情，而且是为对方在付出。对方在这种时候出轨，当然使女人感情上无法接受，但这却是一个残酷的事实。所以很多女人不愿意和从未谈过恋爱的男人恋爱结婚，而愿意选择与一个金不换的回头浪子在一起。实际上，她们这么选择是有理由的。大多数女人觉得浪子既然已经尝试过各种各样的恋爱，经历过各种各样的女人，那么婚后必然不会再随便因为一个女人就怦然心动，也更能够保持对婚姻的忠诚。

对于爱情，很多爱情至上主义者都希望能够遇见一个一生之中只爱自己的男人，尤其是很多女人大概琼瑶剧看多了，总是梦想着能够遇到琼瑶剧中的男主人公。然而，现实生活中琼瑶式的爱情根本无法存活，所以女人就不得不勉为其难地接受现实的爱情。传说荆棘鸟一生之中只会经历一次爱情，并且会为了这唯一的、轰轰烈烈的爱情流尽自己的血，最终死去。很多年轻人都被这个凄美的爱情故事深深打动，然而，在人类社会中，一生只爱一次的神话真的已经很少存在。

想让一个男人对爱情忠诚，最重要的就是让他知道自己心底里想要什么。这就像那个经典的选择题一样，到底是要一个身材好的女人，还是要一个面孔长得漂亮的女人？毫无疑问，这是对男人的考验，目的在于考察男人更看重外表还是更看重内心。你在寻找人生伴侣的时候，不要轻易就被那些心智不成熟的男人使出的花招所打动。真正成熟的男人不会说那些甜言蜜语，也不会做那些幼稚纯情的事情，但是他们的心里很坚定地知道自己想要什么。《非诚勿扰》中有一个男嘉宾也曾说过，“我年轻的时候特别爱玩，但是我觉得玩够了的男人才是最可靠的，他们不会轻易为诱惑所动，所以能够给予爱人最忠诚的守护”。

现代社会到处都充满着诱惑，人们的思想也躁动不安。很多人也许这一刻还在这么想，但是下一刻就改变了想法，变得面目全非。这使很多年轻的女孩在追求爱情时，恨不得飞蛾扑火，为对方付出生命，最终却发现对方只是把自己当成生命中的过客，根本不愿意为自己付出更多。她们幡然悔悟，决定寻找一个老实本分的男人作为终身伴侣，看起来这样的男人似乎很无趣，然而却使她们的人生变得更加幸福和圆满。很多对爱情还有憧憬的女孩都觉得恋爱是很简单的事情，只要两个人相互喜欢，两情相悦，就一切都没问题。殊不知，爱情其实是两个家庭的事情。再高尚的爱情，最终也会落到柴米油盐酱醋茶上。如果不顾现实地去爱，爱情最终会被现实冲击得七零八落。所谓“巧妇难为无米之炊”，爱情并不能当饭吃，当然这并不是说让我们不在乎爱情，只是提醒我们爱情也需要人间烟火的气息。

一个人不管经历了多少次爱情，最重要的在于他对爱情的认识有了提高，他的爱情渐渐走向成熟，这样才能修成正果，走入婚姻。现在社会很多年轻人思想观念开放，把爱情和婚姻完全分离开，认为爱情是和婚姻无关的事情，其实不然。当然所谓的负责听起来是很老土的，但是一个不负责的男人真的不值得我们去爱。年轻的时候，不如多谈几次恋爱，让自己恋爱的情商大大提高，这样才能顺利地找到更好的人生伴侣。当然，感情也不能泛滥，因为感情并不像人们所想的那样是取之不完、用之不竭的。感情会渐渐变得疲惫，当恋爱的次数过多，我们就会耗尽人生的热情，哪怕遇到真爱的人，也再鼓不起勇气和信心了。所以珍惜爱情，珍惜所爱的人，也珍惜我们爱人的能力，才能最终收获完美的爱情。

相信自己好到可以遇到更好的人

失恋的人到底有怎样的感受，有的人也许只是哭一场，有的人或者只是蒙头大睡三天，有的人却恨不得结束自己的生命，甚至跳楼或者跳海，因为他们觉得自己已经失去了整个世界，人生也再没有希望。每个人对于失恋的感受和体会真的完全不同，然而不管对于谁来说，失恋都不是一件让人愉快的事情，生活中，很少见到有人为了失恋而庆祝的。哲学家苏格拉底曾经把失恋问题作为哲学问题对待，并且进行了深刻的思考。最终，他总结出一个真理，失恋就是失去了一个不爱你的人。对于对方而言，他失去了一个最爱他的人，所以该伤心的是他们而不是我们。这么听起来，失恋似乎变得没有那么可怕了，甚至值得庆祝。所以对于很多失恋的朋友，甚至对待自己，很多人都拿这句话进行安慰。这样的安慰不但能够让伤心欲绝的失恋者破涕为笑，也会让他们对人生和爱情再次充满希望。

失恋的人之所以觉得悲痛欲绝，只是因为他们对于自己缺乏信心。他们觉得自己失去了世界上最优秀的爱人，而没有想到对方根本不爱自己，哪怕自己付出再多的感情，在对方心里也是完全不值一提的。既然我们的付出得不到任何承认和回报，我们又何必要厚着脸皮非要付出呢？我们要相信自己是非常优秀的人，也要相信自己在未来会遇到更好的人，这样失恋就不再是一件让人悲痛欲绝的事，而是一件值得庆祝的事。如果不曾失恋，我们就不会错过这个不爱我们的人，从而遇到一个真爱我们、更加优秀的人。通常情况下，女人对于失恋更加无法承受，而男人对于失恋却显得不那么悲伤。因为很多男人都觉得在恋爱的状态中失去了整个世界，而在失恋之后，他们似乎又得到了整个世界。这样看来，他们失恋之后非但不会沮丧绝望，反而会觉得庆幸。只要他们有爱的能力，他们总会再次找到自己心仪的爱人。面对整个世界，他们的确不知不觉中具有了更多的选择空间。

相比男人，女性对于失恋显然更加敏感。女性往往用情专一，而且始终把所爱的人作为人生的唯一。就像一个人失去了全世界，当然会失去想要继续活下去的念头，所以很多女人把失恋视为生命的终结，甚至觉得自己以后再也不可能爱任何人了。实际上，爱的能力对于人而言，就像尾巴对于壁虎一样。当有人把壁虎的尾巴斩断，过了一段时间之后，壁虎还会长出新的尾巴。所以只要女人的心不死，对生命和爱情充满希望，那么早晚有一天会恢复爱的能力，甚至遇到比前一个恋人更好、更优秀的人。在《我的前半生》电视剧中，罗子君作为全职太太，突然遭遇陈俊生的婚外情。她觉得天都塌下来了，甚至想到了死。然而面对陈俊生的绝情，罗子君不得不接受这个惨痛的结局，她独自带着孩子搬出了曾经幸福温暖的家，住进了破旧的公寓。正是如此决绝的情况，逼迫罗子君从一个全职太太最终成长为一个独立、自信的职业女性。与此同时，她也成就了最美好的自己，并且遇到了最美好的爱人。由靳东扮演的贺函，不管在荧幕里还是在荧幕外，都是女人心目中的完美爱人，最终却拜倒在罗子君的石榴裙下。不得不说，罗子君的惨痛经历虽然给很多全职太太敲响了警钟，但是也让无数离婚的女人更拥有自信，也重新燃起了追求幸福的力量和勇气。

人生，不管从什么时候开始都不算晚，爱情更是什么时候开始都来得及。爱情从来不会区分国界，也不会因为年龄受到限制。就像翁帆和杨振宁的爱情一样，他们俩结婚的时候一个28岁、一个82岁，但是他们就这样相爱了，而且当着全中国人的面牵起了手，整个世界都为他们祝福。当然，也有人质疑他们的爱情，但这又有什么关系呢？只要他们自己心中彼此深爱对方，知道自己对爱情的忠贞不渝，这就足够了。如果你不幸遭遇了失恋，请不要感到绝望，你要相信自己足够美好，也要把这么美好的自己留给下一个更好的人。爱情的前任之所以从你的生命中消失，是因为他不配永久地留在你的生命里。当然这只是我们对自己的鼓励和激励，我们也不能盲目自信，更不要觉得自己在爱情中是无可挑剔的。遭遇失恋，明智的人会从自身寻找原因。就像遭遇一次失败一样，唯有从失败中汲取经验和教训，才有可能获得成功。对于失恋也同样如此，唯有知道自己上一段婚姻或者恋情的问题出在哪里，我们才能更好地提升和完善自我，从而让自己变得更加优秀。只有优秀的你，才配得上下一个更好的人。所以失恋之后不要自暴自弃，而要让自己变得优秀起来。从而拥有下一段更美好的爱情，遇见一个更优秀完美的爱人。

女人在爱情中完全迷失了自己，一旦被抛弃，就完全否定自己，自暴自弃。殊不知，这是最糟糕的应对失恋的对策。我们如果想更好地爱别人，首先要爱自己，就像我们想要遇到更好的爱人，首先要使自己变得美好一样。遭遇失恋的人最重要的是振奋精神，做更优秀的自己，而不是自暴自弃，让自己成为他人鄙视和嘲笑的对象。要知道失恋与我们自身好坏并没有关系，只能说明这一段感情并不适合彼此而已。对方离开我们，是因为他们无福消受我们的美好，而我们变得更幸福，是因为我们值得拥有更好的爱情。

坚决不爱，就要坚决放手

爱情真的是一件非常神奇的事情，在爱情之中，人们都变得昏头昏脑，如同患了重感冒，甚至有些人的智商完全降为零。很多平日里看似精明强干的人，一旦遇到爱情就变得昏头昏脑。不得不说，爱情真的使人神志不清，也难怪那么多人在爱情之中出糗，还有的人因为被爱情冲昏了头脑，导致被所爱的人欺骗和伤害。众所周知，爱情是一场两厢情愿的事，就像人们常说的爱情需要缘分，如果有缘无分，那么注定两个人不能在一起。如果在对的时间遇到对的人，那么爱情就是美好且圆满的。遗憾的是，大多数爱情都是在对的时间遇到错的人，或者在错的时间遇到对的人，这样的爱情总是让人心生遗憾，很多婚外情都以此美其名曰在错误的时间相遇，实际上只是在给自己找放纵的借口。真正负责的人不会把他人的感情作为游戏，而是如果不爱他人，就坚决果断地拒绝他人，这样既是对自己负责，也是对他人负责。现实生活中，很多发生婚外情的男人总是感到非常无辜，他们一则背叛了妻子，另外又觉得是因为别的女人投怀送抱，所以他们才会经不住诱惑。实际上苍蝇不叮无缝的蛋，对于大多数男人来说，如果他们自身行得端、坐得正，那么其他的女人即使投怀送抱，他们也会成为坐怀不乱的柳下惠，丝毫不为美色所动。

赵虎是个花花公子，家里有钱，所以他也顺理成章成为富二代，每天开着豪车在校园里出入。很多女孩看到挥金如土的赵虎，都不由得怦然心动，不少女孩主动和赵虎搭讪，想要成为赵虎的女朋友。然而，赵虎已经有女朋友了，是父母和世交指腹为婚认定的。但是，这并没有阻止女孩们飞蛾扑火，经济和精神上同样贫瘠的她们总是对赵虎暗送秋波，赵虎不在乎钱，不在乎给女孩买漂亮的衣服，或者带着女孩吃喝玩乐，因而他的身边从来不缺女孩。他经常请不同的女孩吃大餐，也时常带着不同的女孩四处游玩。很多女孩公然说和赵虎在一起就是为了开心，而根本不想所谓的将来。

和很多富二代大都是草包不同，赵虎不但长得英俊帅气，而且颇有才华。有一次，学校举行文艺晚会，赵虎自弹自唱了一首歌，几乎把全校的女孩都迷倒了。班花刘倩原本非常清高孤傲，根本瞧不上那些女孩对赵虎暗送秋波。然而，听完赵虎深情款款的这首歌，她也开始喜欢赵虎。毕竟，对于高富帅且才华横溢的男孩，哪个女孩能不怦然心动呢？刘倩是一个很认真的女孩，她不愿意和其他女孩一样不明不白地围绕在赵虎身边。因而，她经过慎重的思考之后，写了一封长长的情书给赵虎，向赵虎表达自己的爱慕之情。其实刘倩作为班花是非常漂亮的，赵虎当然也很喜欢刘倩，但是他却严词拒绝了刘倩。很多哥们儿都不懂赵虎为什么要拒绝班花，毕竟刘倩是很多男生的梦中情人。但是赵虎义正词严地说："如果刘倩是一个随随便便、对凡事都不在乎的女孩，我当然可以花费一些金钱和她玩一玩，但是我知道刘倩是一个很认真的好姑娘，所以我不能对她做出非分之想，更不能给她任何误导，使她对于我们的关系有任何的希望。"

从赵虎的这番话中，我们不难看出他其实是一个正人君子，只不过是因为身边簇拥了太多的女孩，所以使他看起来就像一个花花公子。但是他对于刘倩的态度是很正确的，因为对于一个认真的女孩而言，不能够不负责任地在一起玩一玩就一拍两散。当然，刘倩并没有因为赵虎的拒绝而怨恨他，因为她很清楚一段没有结果的感情，与其开始之后再结束，不如在没有开始的时候就结束，这样，反而能够有效降低伤害的程度。

很多人在向他人告白的时候，一旦遭到拒绝，就会转爱为恨，从爱着一个人到恨着一个人。但是认真想一想，这种拒绝其实正是对我们负责的表现。如果一个人在遇到表白的时候就不由分说地与对方在一起，而丝毫不想一想未来将会怎样，毫无疑问，这才是不负责任的行为。作为被拒绝的一方，我们不要怨恨他人。作为被追求的一方，当遇到一个不爱的人向我们表白时，我们一定要狠下心来坚决拒绝，而不要因为不忍心伤害他人，就毫无原则地给予他人希望。在诸多影视剧中都有这样的情节：一个看似好男人的男人，因为不忍心拒绝其他女孩的追求，在几个女孩之间摇摆不定，最终不但伤害了女孩，也使自己陷入被动之中，变得非常难看和尴尬。很多时候，与其勉为其难地拒绝、不明不白地接受或者含糊其词，不如直截了当地拒绝他人。看似拒绝的伤害很大，实际上，含糊其词或者勉为其难地接受，更容易给对方造成深深的伤害。同样的道理，如果喜欢一个人也应该勇敢地表白，哪怕被拒绝，最起码也要知道对方的态度。总而言之，爱情看似暧昧不清，实际上却需要明确的立场和坚定的态度。人生之中总会有一场又一场的邂逅，我们唯有摆正态度，才能最终找到属于自己的真爱与幸福。

被抛弃后，你才学会独自面对世界

世界上最残忍的背叛，总是来自与我们亲密无间的人。对于孩子而言，如果遭遇父母的抛弃，那么心中的伤痛是一生之中都无法复原的；对于爱情而言，如果遭遇爱人的背叛，那么彼此之间的信任就会不复存在，哪怕勉强在一起，也依然如同破裂之后修复的镜子一样，根本不可能恢复到和之前一模一样的状态。最亲密的人的背叛之所以让我们如此难以接受，并非是因为我们缺少了一个毫无隔阂的朋友或者是值得信任的爱人，而是因为我们觉得自己的感情被出卖和背叛了。似乎自己曾经一切的付出都变成了人世间最大的笑话，这样的侮辱显然是很多人都无法承受的伤痛。

当然，爱情不是捆绑，而是两厢情愿。很多时候，哪怕我们一相情愿地想让爱情继续下去，甚至降低自己的姿态，在爱情中委曲求全，但是结果却并不按我们的意志来发展。在热播的电视剧《我的前半生》中，袁泉饰演的角色唐晶就遭遇了闺密罗子君和男友贺函的双重背叛。对于一个已经等了男友10年的女人而言，唐晶心中承受的伤害可想而知。她既不能怒骂自己的闺密，也不能怒骂曾经对自己仁至义尽、鼎力相助的男友，只能一个人默默地承受，并且还要承担来自外界的各种眼光和压力。其实如果贺函爱上的是别人，对唐晶而言，也许并没有那么大的压力，但是贺函偏偏爱上的是她的闺密罗子君。在罗子君遭遇陈俊生的背叛时，唐晶曾经不顾一切地陪在罗子君的身边，竭尽全力地帮助罗子君。如今，她觉得自己曾经的付出变成了天底下最大的笑话，她在感情上当然无法接受这样的结局。但是不管我们对待背叛采取怎样的态度，背叛既然已经发生，就成为不可改变的事实。对于我们而言，一味地对抗这个事实，只会使我们陷入更大的焦虑和不安之中。唯有接受事实，勇敢地面对事实，才能让我们以更好的姿态面对和解决问题。很多人在面对背叛时，完全失去了自身的尊严，反而忍辱负重、委曲求全地让对方回头。殊不知，这样的低姿态并不是什么高尚的表现，反而会使你在对方心目中变得不值一提和不值得珍惜。任何时候，人都应该有自己的尊严。所谓的付出，也不是完全无条件的。要记住，做人做事都应该有自己的原则，而不要一味地退让。

其实，生活中有很多女人在面对爱情的时候都无法从容。她们总是爱情至上，哪怕在男人一无所有的时候，也可以义无反顾地与男人在一起。但是等到男人拥有了自己的事业，与女人之间的差距越来越大，女人就必然遭受被抛弃的厄运。实际上，这恰恰也给女人上了深刻的一课。就像台湾诗人舒婷所说的，女人应该成为一棵顶天立地的树与男人比肩而立，而不要像一棵攀援的凌霄花一样附在男人的身上。实际上，爱情的保鲜期是非常短暂的，曾经有心理学家对爱情进行过专门的研究发现，有的爱情只能保持几个月的时间，而时间长的爱情也只能保持几年的时间。在生活的磨砺之中，爱情保鲜的时间必然更加短暂。也许在爱情正浓的时候，男人会冲动地许诺女人要养她一辈子，要让她幸福，但是实际上当爱情在柴米油盐酱醋茶之中渐渐失去本色之后，男人的心也渐渐发生了变化，所以他们曾经对于女人的许诺也就不复存在。大多数被男人抛弃的女人都是不能够经济独立和人格独立的女人，她们之所以在被男人抛弃之后觉得无法生存下去，并非是男人斩断了她们生存的手脚，而是因为她们在进入婚姻的时候就已经自断手脚，成了婚姻的累赘和附属品。所以女性朋友们在抱怨男人的背信弃义时，不如先想一想自己是否和男人比肩而行，毕竟人生的伴侣是要携手走过一生的，如果一方已经走得很远，而另一方还在原地踏步，那么爱情也会变成逆水行舟，不进则退。这个时候，如果有人进入男人和女人之间，也就是理所当然的了。

有人说，女人一生之中有两次投胎，第一次是投父母的胎，这是无法选择的。第二次投胎，就是选择婚姻，婚姻选择得好，人生也会顺遂如意，如果婚姻选错了，人生就会遭遇更多的挫折。实际上，如果第二次投胎投错了，并不完全在于他人的错误。对于背叛和抛弃我们的人，我们与其一味地怨恨，让自己生活在仇恨的囚笼中，不如选择原谅他们，更多地从自己身上寻找原因，从而提升和完善自己。人们常说一个巴掌拍不响，夫妻之间的反目也是如此，很多事情都不是表面看起来那样简单明了，而是有着深层次的原因。感谢抛弃你的人吧，正是因为他们的抛弃，你才有了自立自强的机会，你才不再是笼子里的金丝雀，而是能够真正飞出笼子，飞到广袤的天地里，让自己的人生更有意义。

爱情搁浅，生活依然一往无前

生活中，因为爱情割腕自杀的新闻时常传出，还有的人因为失去爱情选择结束别人的生命，不得不说，他们都是内心脆弱的人，不在于爱情是否给了他们足够的回馈。很多人的爱情都不是正常的感情，他们总觉得爱一个人就要自私地占有对方，而不认为爱一个人就是让他幸福。他们也不知道爱情是需要缘分的，而认为爱情只需要他们的一相情愿就可以实现。正所谓“强扭的瓜不甜”，一个人哪怕再优秀，也无法强迫别人一定要爱自己。所以在爱情受到挫折之后，我们首先要反思自身的原因，而不要一味地仇恨他人，更不要因此报复社会。如果我们仅仅因为自身盲目的爱不被他人所接受，就怨恨他人，打击报复他人，那么这份爱不但无法给人带来美好的感受，还会使狭隘的心陷入邪恶的深渊。

如今，年轻人对于爱情都有自己的理想和憧憬。当爱情进入高潮的时候，相爱的人恨不得为爱情献身，然而生命诚可贵，爱情价更高，生命是比爱情更加重要的。人在一生之中也许会几次邂逅爱情，但是人的生命却只有一次，而且绝没有重来的机会。要想在有限的人生中尽情享受爱情的美妙，我们就要把爱情作为一门学科，认真地学习。就算在失恋的过程中，我们也不要忘记汲取经验和教训。要知道，人非圣贤孰能无过，越是相爱的人之间越是容易被蒙蔽眼睛和心灵，使得彼此之间无法正确认知。很多人都受到琼瑶剧的影响，尤其是很多年轻的女孩总是对爱情怀有不切实际的幻想。实际上，爱情并不是虚无缥缈的，而是要与现实生活紧密相连。一个人如果不曾遭受过爱情的挫折，他就无法在爱情中成长，更不能使自己的爱情变得成熟起来。所以不要再害怕失恋，虽然失恋使爱情搁浅，但是生活还要继续向前。我们唯有端正态度对待失恋，才能在爱情的挫折中勇敢地站起来，迎接下一次感情的到来，也让自己以更好的状态等待那一个更好的人。

歌手张惠妹非常擅长唱情歌，她就曾经公然表示自己不能没有爱情，哪怕是轰轰烈烈的爱或者是在失恋的状态中，她都需要与爱情相伴，否则她就没有足够的感情唱出打动人心的情歌。每个人的爱情都有可能面对失败。这个世界上也许有一蹴而就的成功，但是爱情却必然要遭受挫折。可以想象，原本陌生的两个人在彼此毫不了解的情况下选择在一起，心灵契合，生活上也步伐一致，共度一生，其中的摩擦和矛盾是必然产生的。很多人在爱情遭遇挫折的时候就会自暴自弃，殊不知就像人面对失败一样，如果一旦经历失败就自我放逐，那么永远无法获得成功，对待爱情也同样如此。越是遭遇失败，我们越是要从中汲取经验和教训，反思自己哪里做得不对，这样才能在下一次爱情中表现更好，也遇到更好的人。很多人一旦失恋，就恨不得把自己的恋情经过告诉全世界，殊不知每个人对爱情都有自己的理解，每个人对于你的经历也不可能完全认同，所以与其把自己失恋的经历昭告全世界，不如关起门来静静地疗伤，在需要发泄的时候也可以和朋友一起以合适的方式宣泄情绪。每个人的负面情绪都是需要宣泄的，就像每天生活中的垃圾都需要扔到垃圾桶里一样。面对失恋的打击，我们除了要合理宣泄之外，还可以做一些自己喜欢的事情，从而把自己的情绪全都倾泻出来，也避免让我们受到情绪的负面影响。

人到中年遭遇离婚，马姐似乎觉得人生失去了方向。在沉沦了一段时间之后，她意识到自己不能继续这样下去，否则人生就会变得毫无目标。为此，她调整好情绪，当即为自己报名了心仪已久的插花班。在插花班里，她不但学到了很多新知识，而且还认识了很多新朋友。每天与朋友们说说笑笑，她心中的抑郁似乎也一扫而光。在插花的过程中，她不但把家打扮得更漂亮，而且可以让自己的心情得到梳理，不再那么乱糟糟的。渐渐地，她走出了离婚的阴影，又开始满怀希望地面对崭新的人生。

很多人因为被爱情伤害过，所以不愿意再尝试爱情。殊不知经济学家认为，因为失恋而害怕恋爱是得不偿失的行为。毕竟我们很少有好运气能够与所爱的人一见钟情，相伴一生，既然如此，我们就要不断地追求和尝试，才能找到最适合自己的人共度一生。

对于每个人而言，爱情固然非常重要，但是却不是人生的唯一。当爱情搁浅，我们唯有怀着积极的心态，更好地接纳和拥抱新的感情，才能让人生的航船再次扬帆，人生也会因此走过更多的风景，邂逅更多的美丽。

第12章

凡事提前筹划，成竹在胸是克服紧张的良药

很多时候，人们之所以感到紧张焦虑，是因为对未来没有把握。他们不知道自己的人生将会走向何方，也不知道手中正在把握的事情会有怎样的结果。其实，为了减少对未知的恐惧，我们完全可以凡事提前筹划，从而做到成竹在胸，也就不再紧张焦虑了。

当工作变得秩序井然，也就不再焦虑

职场上，很多人都因为堆积如山的工作而焦虑不已。的确如此，尤其是对于刚进入职场的新人而言，曾经大学中悠闲的生活不复存在，等待他们的是永远也做不完的工作。如果能有所成就，那么忙碌就是有价值的。要是整日忙忙碌碌，最终却无所成就，那么职场人士难免会产生自我怀疑，不知道自己每天忙碌的意义在哪里。很多人从进入职场的第一天开始就感到非常焦虑，忙碌的生活使他们像没头苍蝇一样，从早到晚不停地转，因此他们牢骚满腹。殊不知，发牢骚并不能从根本上解决问题，只会使一切变得更加糟糕，尤其是当牢骚话传到上司耳朵里时，他们也许还会面临失去工作的窘境。

工作是永远干不完的，我们完全没有必要奢望在一天的时间内就把所有的事情都处理得完美无瑕。只不过事情有轻重缓急，如果我们能够按照事情的紧急程度对事情进行分类，给工作排好顺序，那么，当我们把很多急迫的事情都处理完之后，就可以沉下心来从容自如地处理那些不着急的工作。这样一来，我们的工作自然显得秩序井然，我们的内心也就不会再因为工作而焦虑不安了。很多在工作中显得很轻松而又能把工作完成很好的人，都是因为他们是天生的统筹学家，他们很善于对工作进行合理的安排，所以哪怕面对堆积如山的工作，他们也依然能够轻松自如，气定神闲。

大学毕业后，刘翔进入一家房地产公司工作。原本他毫无工作经验，但是在工作上却有非常出色的表现。很多老同事都不相信刘翔从未做过房地产销售，刘翔的大学毕业证却告诉他们，刘翔的确刚刚走出大学校园，甚至没有任何工作经验。在刘翔到来之前，公司里曾经有一位销售冠军总是位居公司业绩第一，他的名字叫马力。然而刘翔来了之后，马力销售冠军的地位就不稳定了。对于刘翔，马力展开了研究，因为每次看到刘翔居然超越他的业绩，位居公司第一，他就愤愤不平。看起来，刘翔每天和大家一样按时按点地上班下班，按部就班地给客户打电话。然而，刘翔的效率很高，往往能够获得成功，这到底是为什么呢?

在年会上，刘翔作为公司销售业绩第一名，向大家展示了他的工作日记。这时，马力心中的困惑才得到解答。原来刘翔之所以能在工作上事半功倍，就是因为他是一个非常有条理的人。他每天都把要做的事情写在工作日志上，按照轻重缓急进行排序，这样他每天处理完着急的事情之后，就能够从容地处理其他事情。因为有工作日志的提醒，所以他从来不会遗漏那些重要的事情。这样一来，刘翔虽然每天和大家一样工作8个小时，但是其实他的工作效率很高，每天都能把事情处理得非常圆满，这使得他在工作上的成效也非常显著。

其实不管做什么工作，我们都要学会秩序井然地做事情。实际上，工作和生活一样也是千头万绪，不管是对待生活还是工作，我们都要学会整理清楚次序，这样凡事才能分清轻重缓急。唯有处理好那些着急的事情，我们才能更加从容地处理其他事情。一个不懂得给工作排序的人，也许会先处理不着急的工作，然后又被着急的工作催促得火烧眉毛，最终只能手忙脚乱，一事无成。

对工作进行分类的时候，可以按照工作的轻重缓急，把工作分成四类。第一类工作是重要又紧急的事情，这些事情必须当即处理，不能耽误片刻。哪怕我们放下手中的工作，也要第一时间把这些事情解决好，实际上这些事情并不多，每天只占我们工作的一小部分，也许只需要我们花费半个小时或者一个小时的时间就能把这些事情处理好。但是这些事情恰恰火烧眉毛，处理好它们之后我们就不会那么心急如焚了。第二类工作是重要但不紧急的事情，这些事情是我们必须去做的。而且如果能够有效地处理好这些事情，我们的工作效率就会大大提升。第三类事情是不重要但非常紧急的事情，这些事情往往也需要我们立刻处理。如果我们总是被这些事情所左右，把手中重要的事情不停地被打断，那么我们的精力就会被分散，而且工作上看起来会毫无成效。第四类事情是既不重要也不紧急的事情，这些事情往往会浪费我们宝贵的时间，而且是可做可不做的。既然如此，我们就要把这类事情排在最后面，等到心有余力的时候再做，而无须把它们排在前面，以致耽误了其他重要的工作。这样对事情进行分类之后，我们心中自然会对事情有整体的规划，知道哪些事情是必须马上做的，哪些事情是不着急做的，从而大大提高我们的时间利用率，也让我们的工作起到事半功倍的效果。

解放自己，学会合理分配和分工

一个人就算是千手观音，也不可能把工作上的所有事情都处理好。然而，工作不是一个人的事情，如今的职场最讲究团队的合作，既然如此，我们就要学会解放自己，对工作进行合理的分工和分配，从而让他人成为我们的左膀右臂，协助我们把工作处理好。一个人的时间总是有限的，如果不分清事情的轻重缓急，总是颠三倒四，每件事情都亲自去做，那么最终必然会在忙碌中失去自己的本职角色，使得自己把大多数时间和精力都浪费在那些不值一提的小事上，这样工作上不但不会有显著的效果，而且还会危及自己的职场安全。

现代职场上有很多中层管理者，他们不懂得知人善任，也不懂得调兵遣将，最终成为所有人的保姆和奴隶，每天被指使得团团转，这样不但不像一个管理者，反而会沦为每个人使唤的对象，导致自己不但威信全无，工作上也效率降低，更会受到领导的批评和否定。可想而知，这种人的职业生涯必然发展不顺，未来的职业命运也值得担忧。

懂得管理、善于领导的人往往把工作都分配给下属，而自己则调兵遣将，看起来非常悠闲，实际上却对全局都把握得恰到好处。不但会在工作上有出色的表现，而且还能得到领导的认可和赏识，最终平步青云，前途无量。在小的团队里，作为领导想要事必躬亲，也许有可能，但是随着团队的规模越来越大，尤其是很多领导者要管理一个庞大的集团，那么哪怕他能力再强，也不可能对每件事情都亲自过问。在这种情况下，要想管理好团队，管理者就必须做好授权的事情，唯有把权力放给下属，让下属具有更大的决定权，才能把他们从繁杂的事务中解脱出来，从而掌控好公司发展的方向。所以西方大名鼎鼎的管理学者卡林奇曾说，如果一个人知道比起自己一味地蛮干，请他人帮忙合作完成工作效果更好，那么他就能在管理的道路上前进一大步。这句话给无数管理者敲响了警钟，如果你至今依然是每天忙忙碌碌却不见效率的管理者，那么现在就要学会把工作分配给下属，把自己从琐碎的工作中解脱出来，从而致力于提高工作的效率。

张丹是个勤奋刻苦的女孩，对工作她总是竭尽全力，从来不敢有丝毫懈怠。然而，张丹虽然每天看起来忙忙碌碌，却始终没有得到成绩，在工作上也总是止步不前。几年前她就是底层管理者，眼看着和自己资历相差无几的同事现在都已经得到了晋升，张丹不由得感到非常郁闷。她不知道自己的问题出在哪里，因而决定向老前辈请教。

张丹问平日里关系比较好的马姐："马姐，您觉得我在工作上表现怎么样？"马姐愣住了，一时之间不知道如何回答。经过仔细斟酌之后，马姐才告诉张丹："其实，你对待工作很勤奋，也很努力。但是我有一个感觉不知道该不该说，如果我说了，希望你有则改之，无则加勉。"张丹连声说："嗯嗯，马姐，我知道您说是为了我好，感谢您还来不及呢，怎么可能怪您呢！我就是很困惑，所以才特地来请教您的。"马姐语重心长地说："你尽管每天看起来很忙碌，但是工作的效率并不高。有的时候，你总是本末倒置，无法分清事情的轻重缓解，对于时间的安排也不够合理。所以你要学会合理安排时间，统筹安排自己的工作，这样你才能最大限度地发挥自己的实力，为自己的工作做出成就。此外，你对于下属不管什么事情都不放手，这样一来，你也许适合管理小团队，但是一旦你手下的人多，哪怕你是千手观音也无法做到事事亲力亲为啊！"马姐的一席话让张丹顿悟，她的确每天都比他人更加忙碌，却鲜有成果。她决定改变自己的工作模式，以后要更加高效地利用时间，也让事情按照轻重缓急得到圆满解决。否则如果她一直保持这样吃力不讨好的状态，那么她的职业生涯也会前景黯淡。

公司高层在考虑提拔人才的时候，除了考虑人才本身对待工作的态度，还会注意综合衡量人才的管理能力。尤其是从底层管理岗位向中高层管理岗位晋升，高层就更要考虑到人才的领导和管理能力。正如马姐所说，一个人就算是千手观音，也不可能把所有的团队成员照顾得面面俱到。在这种情况下，要想管理更大的团队，就要学会合理安排时间、分配工作，这样才能让所有下属都成为自己的得力助手，也大大增强自己的实力。

管理工作的对象是人，这就注定了管理工作的难度是很大的。任何时候，作为管理者，我们都要确定好自己的位置，而不要一味地把自己变成下属的奴隶和保姆。唯有学会放权，把下属都培养成得力干将，管理者的工作才会更加轻松自如。

安排好时间，生活才能按部就班

对每个人而言，时间都是有限的，所以时间是非常宝贵的财富，完全不能肆意挥霍。一个人如果想让自己的人生更加充实，那么就要合理利用时间。否则，哪怕他志向远大、目标明确，而且具有很强的能力，但却无法充分利用时间，那么他的人生也相当于打了一个折扣。只有成为时间的主人，我们才能提高工作的效率，也才能在工作上事半功倍，取得成功。

现代职场上很多人整日忙忙碌碌，却没有做出任何卓有成效的事情，看起来他们很辛苦，实际上却苦劳和功劳全都没有。这就是因为他们不能合理利用时间，也不会统筹安排事情，最终导致时间在他们无休止的忙碌中悄悄溜走。

大文豪鲁迅先生曾说，浪费他人的时间就相当于谋财害命。那么，浪费自己的时间呢？其实也相当于浪费生命，严重地说，是在毁灭自己。很多人能够获得成功，就是因为他们在同样的时间里做更多的事情，相当于拓宽了生命的宽度。毋庸置疑，没有人知道人生会在何时戛然而止，要想让人生变得充实，我们就要拓宽生命的宽度。这样一来，生命就相当于变得更充实了。人在职场，要想高效利用时间，在工作上事半功倍，就必须懂得规划时间的重要性。当然，对于时间的利用并没有一定的规定，每个人都要根据自身的情况和自己所承担的工作，做到合理统筹与安排。合理利用时间有一个未雨绸缪的好办法，那就是提前准备预案，很多人总是被时间追着跑，而对于时间的安排没有提前构思。这样一来，一旦工作中出现意外的情况，他们就会非常被动。如果能够对时间进行初步的规划，知道自己今天要完成哪些事情，再把事情根据轻重缓急进行一定的分类，就会使我们的工作井然有序地进行，效率也必然大大提高。其实制订时间的规划并没有什么难的，我们只需要在今天制订明天的计划就可以。时间的预案不需要提前很久，因为很多事情都会临时发生变故，所以只需提前一天让自己对于第二天的工作安排心中有数，就能使效率倍增。

有一家公司的老板每天都有堆积如山的文件需要处理，但是他具有神奇的能力，每天都能按部就班地完成所有工作，并且在下班的时候准时回家陪伴妻子和孩子。这位老板是如何做到这一点的呢？尤其是在大多数小业主都忙得不可开交的情况下，他却从来没有因为晚回家导致家人心生抱怨。每天早晨6点，老板就会准时来到办公室。他很清楚，如果想晚上按时回家陪伴家人，那么他早晨就要少睡一会儿，早点起床，以弥补工作时间上的不足。

每天清晨来到办公室，他都会读15分钟关于经济管理的书，然后就开始全神贯注地思考一天的工作安排，分清哪些事是急需要解决的，哪些事是不着急的，然后他会把这些事情进行一个简单的列表。在工作的过程中，每完成一项工作，他就会把列表上的相关事项划掉。在处理完这些事情之后，时间才到7点半，这个时候他会和助理一起吃饭。在吃饭的间隙，他与助理针对公司的一些情况进行简单的沟通，从而更了解公司的现实情况。等到员工们都来上班的时候，老板已经完成了一天之中一大半的工作，所以在接下来的一天中他有充分的时间处理工作上的突发情况，而且也可以抽出更多的时间与员工进行交流。

毫无疑问，事例中的老板是一个很会安排时间的老板，否则当大多数老板都被工作上的琐事忙得焦头烂额时，他又如何能够平衡好工作与家庭之间的关系呢？对于每个人，时间都是公平的，不管是贫穷还是富有，每个人每天都有24个小时，每个小时都有60分钟，每分钟都是60秒。时间不会因为偏爱谁，就多给谁一分一秒，也不会因为仇恨谁，就减少谁一分一秒。所以，面对时间，我们一定要做好充分的准备，这样才能抓住人生的每一分钟，度过充实而有意义的人生。

有智慧，工作才会事半功倍

很多人每天面对工作都忙忙碌碌，但是在工作上却毫无成就。究其原因，他们对于工作完全没有用心。人们常说，世界上就怕“认真”二字，是因为认真能够帮助人们端正态度，把一件事情做到极致。如果不用心，哪怕每天耗费大量的时间和精力在工作上，也是做不好工作的。所谓用心，就是用我们的大脑认真地思考问题，而不是盲目地跟随别人、附和别人。尤其对于工作，最需要的就是独到的见解和创新的眼光，这样才能对他人形成说服力。如果别人说什么自己就说什么，这样人云亦云根本无法打动他人。在需要说服他人的时候，我们更要有理有据，秩序井然，这样才能让他人对我们心服口服。

很多人都抱怨自己在工作上付出了很多，但是却毫无收获，既没有得到上司和老板的认可与赏识，更与升职加薪无缘。实际上，与其羡慕他人在工作上有所成就，不如更多地反思自己，看看自己到底哪里做错了。大多数人都不愿意承认自己的缺点和不足，却不知“金无足赤，人无完人”，每个人都有不足之处，所以才会在职场上止步不前。人最重要的在于不断思考，大多数人如果懵懂度日，从来也不思考人生的方向和去路，那么就会导致付出和努力全都白费。唯有在思想的指导下，我们才能事半功倍，才能明确人生的方向，也才能提高人生的效率。

作为举世闻名的戏曲戏剧大师，莎士比亚从小就很喜欢戏剧，而且特别喜欢演戏。在浓烈的兴趣驱使下，他全心全意地钻研戏剧，而且还借了很多关于戏剧的书认真阅读和学习。很快，他就成了小小的戏剧专家，掌握了很多戏剧的知识。为了更近距离地接触莎士比亚，他还在剧院里从事打杂的工作，这样他每天都可以免费观看戏剧，而且可以认真琢磨那些演员是如何演好戏剧。

有一次，戏剧马上就要开演了，有一位演员却不知为何没有及时赶到剧院。无奈之下，老板只好让莎士比亚临时顶替那个演员。原本老板对莎士比亚能够演好这个角色根本不抱希望，但是莎士比亚对此非常认真，他很珍惜这个来之不易的机会，所以在戏剧开演前两个小时争分夺秒地背下了所有的台词。出乎老板的意料，莎士比亚这次的表演非常成功，而且还得到了观众的热烈掌声。这是莎士比亚第一次与戏剧亲密接触，后来他开始尝试写剧本。在剧本被搬上荧屏舞台之后，他发现自己很有写剧本的天赋，因为观众对他的剧本都非常喜欢。从此之后，莎士比亚开始钻研戏剧书籍，也不遗余力地写了很多戏剧文学作品，最终成为世界上赫赫有名的戏剧作家。

虽然莎士比亚没有接受正规的戏剧学习，但是他对于戏剧的喜爱并非出于偶然，而是有目的且有针对性的。他知道自己喜欢戏剧，所以就去剧院工作，还抓住所有的机会努力近距离地接触戏剧。这就像是我们常说的人生只有方向明确，才能事半功倍。没有经过思考的人生就像无头苍蝇一样四处乱撞，最终却找不到出口。正所谓“磨刀不误砍柴工”，我们在人生之中也要努力成就自己，提升实力，然后才能在生活和工作中都事半功倍。

我们一旦习惯了思考，就会发现自己对于事情的理解和感悟变得更加深刻。很多时候，我们会羡慕他人的金点子，殊不知一切的金点子都来自自发的思考。一个人如果不善于思考，就会像漂浮在水面上的叶子一样，永远也无法认识到事情的真相，更无法左右自己人生的方向。

压力，也能够变成动力

现代社会，每个人都面临着巨大的压力，这种压力既来自生活，也来自工作。虽然每个人面临的压力大小不同，但是压力的本质却是相同的，而且所有的压力都有一个特征，那就是它惧怕你在它面前表现出强大的抗压能力，而且丝毫不觉得胆怯畏缩，总是幸福快乐，积极向上。压力的本心，是想打压我们、征服我们，让我们对它屈服。当我们变得乐观开朗，压力也就不攻自破了。

在工作上，如果一个人始终停滞不前，就像我们常说的遭遇“瓶颈”，无法在工作上取得突破，那么就会形成巨大的压力。现代职场，有很多人都面临这种低迷的压力，这种压力甚至比高强度的压力更使人感到可怕，因为在长久的低迷压力中常会感到窒息。有的时候，压力像一座大山一样压在每个人的心中，使他们对于前途茫然无知，更看不到任何希望。那么在职场上，要想突破自己，就要摆脱现状，也要挣脱压力的束缚，从而让自己的情绪变得高昂起来。否则长期的压力必然使人陷入焦虑之中，渐渐地对自己失去信心，也不再对未来充满希望。

任何时候，失败都不是最可怕的事情，最可怕的事情是生活保持原样，没有任何变化。从这个角度而言，压力并不是最可怕的，因为如果我们把压力转化为动力，就能够推动人生不断地奋勇向前，从而距离成功越来越近。凡事都有两面性，从辩证唯物主义的角度来说，有的时候好事会变成坏事，有的时候不幸之中也会蕴含千载难逢的好机会。关键在于，我们要采取端正的心态去对待不幸，才能从不幸中挖掘出潜能，就像对待压力一样，如果我们心怀积极，不被压力打倒，那么我们就能把压力转化为动力，从而在人生中变得更加坚强和充满动力。

和所有孩子一样，香香也有自己的理想。她自从小时候和爸爸妈妈一起观看了芭蕾舞演出后，就梦想着成为一名芭蕾舞演员。有一天，香香告诉妈妈：“妈妈，长大之后我要跳舞，成为舞蹈家。”看着香香满怀憧憬的样子，妈妈不由得担心地说：“那么，你知道成为一名舞蹈家要付出多少努力吗？”香香抬起头，看着妈妈的眼睛，坚定不移地说：“我愿意努力！”在一个周末，妈妈带着香香去县城的少年宫报名参加了舞蹈班。然而，香香从小就体弱多病，舞蹈训练强度很大，她很快就累病了。随着接二连三的请假，香香无法继续坚持学习舞蹈，她的梦想也就搁浅了。这使小小年纪的香香感到万分沮丧，她很伤心，但是妈妈告诉她：“哭泣并不能解决问题，很多时候我们并非想做什么就做什么。其实这条路走不通，我们还可以考虑走其他的路。这样我们就能坚持不懈地努力，最终找到人生中自己真正能够做好的事情。”香香对妈妈的话似懂非懂，还是坚定地点点头。

因为身体素质实在太差了，香香在结束舞蹈的学习之后没多久，又终止了学业。看着和自己同龄的小伙伴每天都背着书包高高兴兴地上学校，香香觉得沮丧极了。她非常孤独，有一天在和妈妈一起去街上玩时，她无意间走进书店，从此之后一发而不可收拾。就这样，香香疯狂地迷恋上看书。她几乎每天都泡在图书馆里，很小的时候就开始发表作品，最终走上了文学创作的道路。

每个人的人生都有特定的道路，我们虽然非常羡慕他人的成功，然而别人的成功是我们模仿不来的。其实对于人生而言，失败并不可怕，只要能够从失败之中汲取经验和教训，就能够踩着失败的阶梯不断进步，最终获得成功。

没有人生是一帆风顺的，所谓人生不如意事十之八九，每个人在人生之中都会面临各种坎坷和挫折。古人云，山穷水尽疑无路，柳暗花明又一村。很多时候，我们自以为陷入人生的绝境，其实却蕴含着生机。只要能够抓住机会，我们就能从容应对人生，也驱动自己的人生不断向前，获得成功。

全力以赴，应对一切复杂局面

生活中有很多人都非常贪心，这不仅表现在他们过度追求金钱和物质，也表现在他们做事情的时候总是想要在同一时间做好几件事情。这样的三心二意，注定做事情不可能完美，也注定他们不可能全身心地投入去做好一件事情。实际上，前文所述的专注力与此恰恰相反，就是提倡人们应该在同一时间段内集中所有精神和意志力做好一件事情。常言道，一心不可二用，实际上在同一时间内，人的注意力不可能分散到周围的所有事物上。大多数情况下，人只能对某一件事情特别关注，才能集中精力做好这件事情。

专注力有着巨大的力量，当我们全身心地投入做一件事情的时候，我们往往会有意外的惊喜与收获。在学习阶段，只有那些专心听老师讲课的学生在学习上才能更轻松，也会取得很好的成绩。又如在工作上，很多人在工作之余会进行各种兼职，从而获得更多的报酬。殊不知，这样做往往会导致工作效率低下，也因为三心二意使得一事无成。很多人在小学阶段都看过《小猫钓鱼》的故事，也知道小猫钓鱼的结果。小猫之所以整整一下午都没有钓上来一条鱼，就是因为它总是三心二意，一会儿跑去追蝴蝶，一会儿跑去看小花小草。这样一来，等到其他小猫都钓到鱼的时候，它依然毫无收获。这么浅显的道理，在现代工作中依然适用。这就要求我们不管做什么事情，都要集中精神和意志力，这样才能理清事情的顺序，不至于最终毫无收获。

人的时间和精力都是有限的，一次只能做好一件事情。在同一时间内，人们只能完成一个目标。对于成功的人而言，最忌讳的就是三心二意，就像引燃炸药一样，只有把炸药集中在一个点，才能起到强大的爆破效果。对于人生中接二连三出现的琐碎问题，其实最可怕的并非在于这些问题过多、过于繁杂、过于混乱，而是我们应该弄清这些问题的顺序，从而每次都集中精力解决一件问题。如此循序渐进，最终我们会把所有的问题都处理好，也就避免了疲于奔命、效率低下。细心的朋友会发现大多数成功者都是非常专注的，他们总是执着地做好一件事，而不是想要面面俱到。例如，爱迪生发明电灯，在尝试了1000多种材料和7000多次实验之后，才最终为人类带来了光明。伟大的化学家诺贝尔当初为了研究炸药，不小心把整个实验室都炸毁了，他还为此失去了两个助手和自己的弟弟。但是他很快就从悲痛中走出来，又找到新的实验场所开始进行实验。正因为如此，他最终才能发明炸药，让整个世界都前进了一大步。

参考文献

[1]任晓英.别做内心不安的人[M].北京：群言出版社，2016.

[2]李世强、柴一兵.别让敏感毁了你[M].海口：南海出版社，2016.

[3]张笑恒.人生赢在零逃避[M].天津：天津人民出版社,2015.